Y型椅的秘密

[日]坂本茂　[日]西川荣明 著

朱铁伦 译

中信出版集团 | 北京

图书在版编目（CIP）数据

Y 型椅的秘密 /（日）坂本茂 ,（日）西川荣明著 ;
朱轶伦译 . -- 北京 : 中信出版社 , 2022.8
ISBN 978-7-5217-3945-9

Ⅰ . ① Y… Ⅱ . ①坂… ②西… ③朱… Ⅲ . ①椅－设
计 Ⅳ . ① TS665.4

中国版本图书馆 CIP 数据核字 (2022) 第 011597 号

Y型椅的秘密

著　　者：[日] 坂本茂　[日] 西川荣明
译　　者：朱轶伦
出版发行：中信出版集团股份有限公司
（北京市朝阳区惠新东街甲4号富盛大厦2座　邮编　100029）
承 印 者：鸿博昊天科技有限公司

开　　本：880mm × 1230mm　1/32　　印　　张：6.25　　字　　数：132千字
版　　次：2022年8月第1版　　印　　次：2022年8月第1次
京权图字：01－2022－1845
书　　号：ISBN 978－7－5217－3945－9
定　　价：78.00元

推荐序

Y型椅对我而言，一直是一个谜一样的存在。它不是那么的夺人眼球，时常会不经意地出现在我们眼前。它出自丹麦设计师之手，又有着中国明代圈椅的影子。它可以摆放在清水混凝土的美术馆，也可以自然地融入我们的日常家居中。

自1950年诞生至今，Y型椅已经生产了几十万把，这并不包括各种仿制版本在内。它拥有这么长久的生命力，受到如此广泛人群的喜爱，虽然看上去并不像其他经典座椅那么的与众不同，却不是一把普通的椅子。

于是我想去发现它看似普通背后的与众不同。

在视觉层面上，Y型椅有着独特的曲线与比例关系。它的设计师汉斯·瓦格纳设计了四把中国椅后，不断完善，把一切没有意义的元素统统去除，进而达到了一种宁静、洗练、高级的美学境界。它是耐看的，有一种历久弥新的力量。它的整体结构清晰，各个局部之间的线条曲度、体量、比例都达到了无可挑剔的均衡感。Y型椅的“Y”指的是靠背处的Y形支撑，优雅的曲线与周围的结构形成了一个充满力量的视觉中心。这样一种宁静而不张扬的美学，使得它可以融入很多使用场景当中。

在功能层面上，Y型椅对于身体有很好的包容性，适合各种坐姿，如正坐、斜坐、反坐、盘腿坐。扶手与靠背贯穿一体，表面不断变化的三维曲面让人在任何一种坐姿下都感觉舒适。它足够轻，可以轻松挪动位置，很适合老年人。虽然很轻，但它很稳固，并不容易倾倒，这一点对于儿童是友善的、安全的。

在工艺层面上，为了实现以上美学与功能的完美统一，就必须在工艺上不断地打磨。并且，要让一把椅子进入人们的日常生活中，成本、效率都至关重要，这也取决于工艺的不断优化升级。

汉斯·瓦格纳1914年出生在位于丹麦日德兰半岛南部的小镇岑讷，

14岁时开始在小镇上H. F. 斯塔尔伯格的家具工作室学习木工。后来他在哥本哈根工艺美术学院的奥尔拉·尼尔森手下学习时，掌握了通过人体工学来分析与设计家具。汉斯·瓦格纳相信："没有什么东西不能被更好地塑造。"他一生设计了超过三千五百件作品，最终投产的有五百多件，这当中Y型椅毫无疑问是他最杰出的一件作品。

《Y型椅的秘密》一书可以带给家具设计师、工业设计师，或是其他领域的设计师很多启迪与参考。源自中国明代圈椅的灵感让我们思考设计中的文化与美学，包容性的坐感让我们理解人体工学在设计中的重要性，材料与工艺的完美应用也将启发我们新的设计思路。

如果要进一步了解这把椅子的迷人之处，那么请翻开这本《Y型椅的秘密》，它可以带我们揭开这把在我看来像谜一样存在的椅子背后的秘密。

杨明洁

作者序

在丹麦著名家具设计师汉斯·瓦格纳（Hans Wegner）设计的名作椅子中，Y型椅尤其出名且受欢迎。本书将从各种角度为读者介绍Y型椅，比如它受欢迎的秘密、设计和结构的秘密、诞生的背景和经过、座面的编织方法等。

自1950年发售以来，Y型椅已经生产了几十万把。它是一把在世界各地为大多数人所喜爱的木制椅子，每年在日本都有5 000～6 000把的销量。我每天都在使用它。为什么它会这么受欢迎呢？Y型椅与众不同的背板和具有优美弧线的后脚为什么是这样的形状呢？这些简单的问题藏在我心底已经很久了。我有幸采访了曾在卡尔·汉森父子日本分公司，从事Y型椅的促销和商品管理等工作长达24年的坂本茂先生（木工设计师）。听他解说Y型椅的每个组件的设计和结构等都有其意义，我心中的疑问也一一解开了。事实上，“Y型椅”这个叫法也不是发售时的名字。瓦格纳并没有给其命名为Y型椅，但是不知道从什么时候开始，大家就这么叫起来了。

在我看来，即使是每天和Y型椅接触的诸多使用者和销售店也并不完全了解Y型椅。于是，我在自己学习的同时，希望让读者们对Y型椅有深度的了解，才有了写这本书的计划。

每章要点如下所述。

第1章

参考设计师、木工、销售店的工作人员、在日常生活中使用Y型椅的人的感想，探寻Y型椅如此受欢迎的原因。同时还展示了各种坐姿的示例照片。

第2章

各部位的设计和结构等都有其意义。诸如“背板为何呈Y字形”等问题，我会按部位分别详细地说明。通过照片，大家可以看到从中国明代圈椅开始，经过参考两种中国椅的设计后，Y型椅的设计最终诞生的过程。

第3章

探索Y型椅诞生的背景，介绍当时丹麦家具的情况、瓦格纳的生平、Y型椅制造公司 —— 卡尔·汉森父子公司和瓦格纳的相遇、Y型椅发售后的营业活动等。

第4章

通过引用杂志文章解释二战后世界各地的设计如何流入日本、Y型椅是什么时候被介绍到日本的，以及怎么做到在日本的年销量达到5 000把以上等问题。

第5章

Y型椅的仿造品一时充斥了市场。前半章将为大家解释如何区分真品和仿造品，后半章将详细说明卡尔·汉森父子日本分公司如何取得立体商标作为应对仿造品的对策。对于担心如何应对仿造品的有关人士来说，这是必看的一章。

第6章

通过据传是日本最早能够正确使用纸绳编织座面的坂本茂先生的实际技术演示照片来讲解，同时也会介绍保养的方法。

关于写作划分，第1章由我执笔，第2～6章由坂本茂先生执笔原稿，并由我修订。通过两个人的共同讨论，对原稿进行完善。文中列出的名称基本上都略去了敬称。如果您能在阅读本书的同时再次领略到Y型椅的魅力和设计的精髓，那我将不胜感激。

西川荣明

目录

Y型椅的基本信息

椅子名

商品编号　CH24

通称　Y型椅（英语：Y Chair，丹麦语：Y-stolen）
叉骨椅（Wishbone Chair）

设计师

汉斯·瓦格纳

（Hans Wegner，1914—2007，丹麦的代表家具设计师）

制造公司

卡尔·汉森父子公司

（Carl Hansen & Son，丹麦家具制造商）

设计年份、发售年份

设计年份：1949年　　发售年份：1950年

使用材料

木材（山毛榉、橡木、灰木、胡桃木、樱桃木等） *参考第 58 页
座面为纸绳

尺寸

*座高（SH）在发售时只有43cm一种规格。2003年面向欧美市场发售座高45cm的款式，面向日本生产座高43cm的款式。2016年起全部统一为座高45cm的款式。座高43cm款为预订生产。

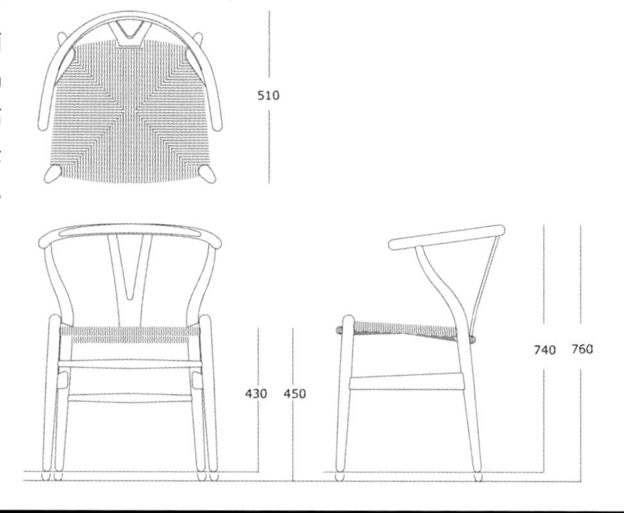

Y型椅的谱系

以中国明代的椅子 —— 圈椅为起源诞生的中国椅、Y型椅和“椅”椅等。

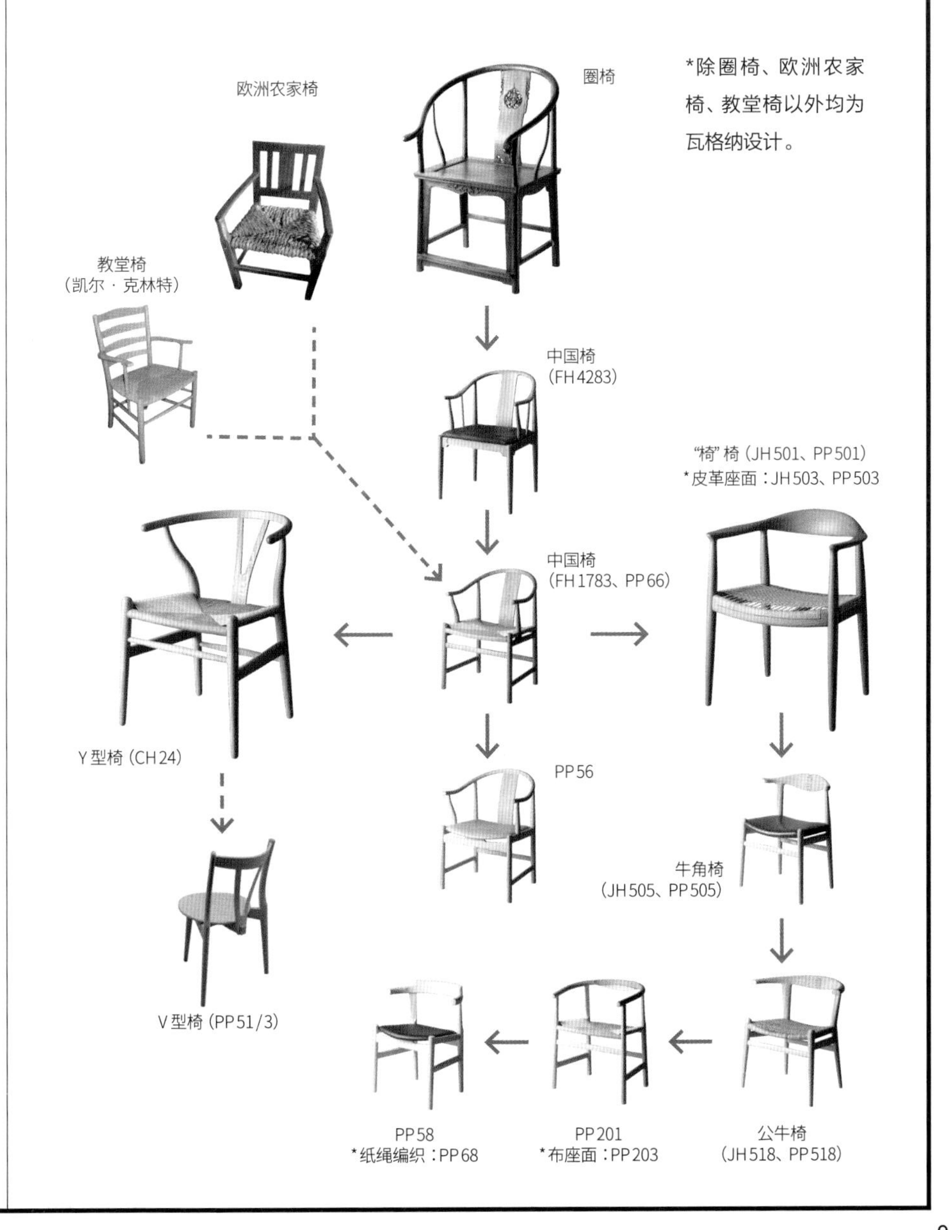

放置在各种场合的 Y 型椅

美术馆咖啡店的 Y 型椅

日本国立新美术馆 2 楼 Salon de Terondo

东京CHIHIRO美术馆（绘本咖啡馆）

荞麦面馆里的Y型椅

TANAKA

在人群聚集的场所
运用Y型椅

基督教　品川教会大堂

花店里的Y型椅

HOMEGROWN

由仓库改造而成的空间里的Y型椅

住宅里的Y型椅

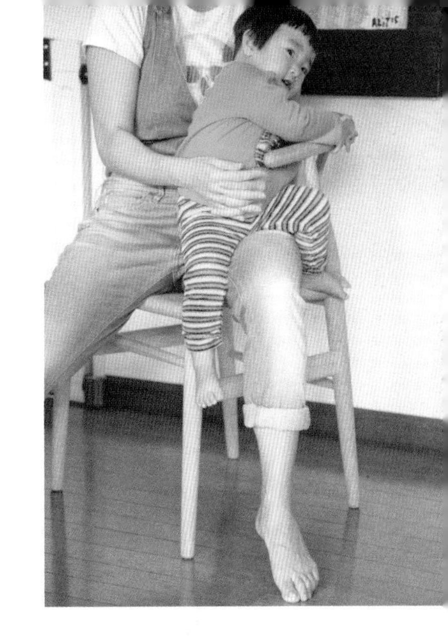

和孩子一起玩耍

夫妻一起放松休闲

第1章

受欢迎的秘密

Y型椅为什么会受欢迎？提到它独特的魅力，那就是

Y型椅仅在日本国内一年就能售出5 000~6 000把。它不仅被摆放在著名建筑家设计的建筑和时尚的咖啡馆里，也会用在普通住宅内。据说在家具店里，很多客人一开始就是冲着Y型椅来的。那么它为什么会这么受欢迎呢？在这一章节，让我们随笔者一起来探寻其中的秘密吧。

各种要素交织
构成了稳固的人气

在世界各地的椅子中，Y型椅因其独特的造型而令人印象深刻。即便不知道Y型椅的人，在家居店和电视广告中多少也会看到过吧。

Y型椅名声在外的原因归根结底，就是各种要素的交织构成了稳固的人气。这些要素即外在的美观、落座的舒适度和价格的优势。丹麦家具生产厂的经理曾说过下面这段话：

"Y型椅受欢迎是因为它具有各种最佳组合。一个是它富有自由且现代风格的同时，是以继承自克林特[1]的丹麦设计的传统美感为基底创造的；另一个就是制作方式，即通过引入机械加工实现的美感和手艺的两全；还有就是相对较亲民的价格了。"

此外，对于设计和家具知识并不熟知但是在日常生活中经常使用（落座）的普通人、设计师和木工等制椅专家、要给客户推荐椅子摆放位置的建筑师和软装师，以及贩卖椅子的家具店等来说，不同身份的人在自己的立场上对于Y型椅的想法是不同的。但是我相信，大家都会认同下面这段评论吧：

"它太美了，而且很结实，落座的感觉也舒服，价格适中，很多人都能买得起。正因为Y型椅满足了这些条件，所以它才会那么受欢迎而且畅销。"（设计师）

对于"受欢迎的秘密"这个问题，前面提到的专业评论已经给出了大致的解答，不过我们想基于不同立场的人对于Y型椅的思考和感想，深入探讨一下Y型椅的魅力和畅销的重要原因。

---

*1 凯尔·克林特（Kaare Klint，1888—1954），丹麦现代设计派的开山鼻祖，建筑家、家具设计师、家具研究家、教育者。曾担任哥本哈根皇家艺术学院家具设计系教授，在古典家具和人体工学的研究领域颇有建树，在人才培养方面功绩显赫。门下有奥利·万施尔、伯厄·莫恩森等。椅子的代表作品有法堡椅（Faaborg Chair）、红椅（Red Chair）等。

公认的比例之美

即便是那些对椅子的知识了解不深的人，对Y型椅也会印象深刻，究其原因就是Y型椅的比例之独特。其独特之处在于它虽不会令人拍案叫绝，却绝无形状诡异之感，美观漂亮的设计总是能引起大众的共鸣。总而言之，就是在保持简洁设计的同时富有独特要素。

后脚巧妙的曲线、靠背的Y字形部件、扶手的曲木等要素有机地组合在一起，汇聚成了整体的美观外形。关于各个部件的形状，我会在第二章里详细描述，各自的形状融入了细致的考量，都有其意义。特别是椅子的后脚，初看是三维形状，实际是二维形状，这个设计令人颇为惊讶。这是在充分考虑了结构和生产成本之后，最终形成的设计感十足的优雅的曲线形状。

我们也征询了几位设计师对于Y型椅的设计的看法。他们的感想罗列如下：

“外形意味深长”“外观漂亮”“精致”“毫无理由的美”“简洁轻便又结实”“设计简洁，曲线颇多”“自然感十足，具有工艺要素”“极致细腻”“令人（身体）易于融入的造型”“初见时本能地、直觉地感受到的强烈的美”“这样的设计很少见”“整体外形的融汇方式非常完美”“透出质朴感的同时拥有很好的设计”……

关键词有“漂亮”“美观”“精致”“简洁”“细腻”“轻便”“意味深长”“自然感”“工艺感”“结实”等。评价里有一条是“外观漂亮”，相比外形和造型，“外观”这种表达方式更为贴切。

建筑师和软装师
也推荐Y型椅

据说决定购买Y型椅而造访家具店的顾客中，以因建筑师和软装师推荐而来的人居多。

很多建筑师会在自己建造的住宅中摆放Y型椅[1]，它能适应任何风格的建筑空间。在清水混凝土板的无机空间内摆放Y型椅后，它立刻就能成为焦点；软装师也常推荐将其作为餐椅使用。毕竟这是作为北欧设计师代表的瓦格纳所设计的名椅，顾客也会满足于其出色之处。在售楼处的样板房中摆放Y型椅的话，访客想要营造同样氛围的欲望也会更加强烈。

这种营销思路在几十年前就已经存在了。即便没有特别的促销活动，建筑师和软装师也会推荐Y型椅，它也因此逐渐普及起来。此后，在许多地方见过并且坐过Y型椅的人就会产生购买欲，对于制造商和销售店来说也产生了一个良性循环。

落座舒适
又可以自由搬动的椅子

对于椅子的落座舒适度，不同体型和使用椅子习惯有别的人会有不同感受。对于Y型椅的落座感受来说也是如此，每个人都不尽相同。不过总体听起来，Y型椅的落座舒适度还是相当高的。

“落座时对身体的包容性不错”“特别是想要放松一下的时候坐着正

---

*1 值得一提的是，在1991年这个时间点上，一部分建筑师已经对Y型椅有些生腻了（参考第118页）。

好”“正好包裹住身体”“完美贴合臀部”。

日常生活中使用的椅子，最重要的就是落座的舒适度。就Y型椅来说，它并不只适合正襟危坐，侧向一边、反着坐也是可以的。坐在Y型椅上时，有些人会盘腿坐，还有些人会单膝跪坐。这种椅子有利于身体姿势的自由变换，也是其受欢迎的原因。

虽然经常作为餐椅出售，不过相比于用餐，更多人是将其作为餐后喝咖啡、吃甜品的放松休闲椅和客厅椅来使用的[1]，也有人把它作为沙发的替代品。不过，我们认为不管使用者怎么用椅子、和椅子的契合度如何，这都不是一款用来持续坐上几个小时的椅子。

Y型椅具有性感美，造就一把好椅子必不可缺的性感要素

Y型椅和大多数其他椅子相比有一些不一样的地方。并不是说表面的线条美，而是从内向外散发的某种无形的、仅靠表面功夫无法散发出来的魅力。在感受到这一点之后，我在和一个家具设计师好友谈论到椅子时就有了下面的话：

“Y型椅具有人的性感美那样的魅力。稍加修饰的外形、整体的柔和感、某个挑动神经的设计、绝佳的平衡……能够长久使用的家具都拥有这样的性感之处。帅气的椅子满大街都是，但是有性感美的椅子却不多。比如说‘椅’椅[2]和芬恩·朱尔[3]的椅子就算是。”

内在和外在的性感是椅子必备的要素。这一点虽然与人无异，不过要具

＊1 在卡尔·汉森父子公司的商品手册中，Y型椅被列在了餐椅的分类下。家具店一般会将其作为餐椅推荐给客户。另一方面，有些商店会向普通客人甚至软装师介绍：相比作为餐椅，Y型椅更适合作为客厅椅使用。

＊2 “椅”椅（The Chair）。1949年瓦格纳设计的著名椅子系列，统称为“椅”椅。产品有藤编座面型号JH501（现PP501）和革制座面型号JH503（现PP503）。

＊3 芬恩·朱尔（Finn Juhl，1912—1989），丹麦建筑师、家具设计师，设计了诸多具有流动线条美感的椅子，也被称为“家具的雕刻师”。其椅子的代表作有酋长椅（Chieftan Chair）、休闲椅45号（Easy Chair No. 45）等。

体说清内在、外在分别是什么也是颇有难度的。而Y型椅酝酿出的氛围就是它具有内在和外在双重性感的体现，在我看来，具有柔软的性感美也是Y型椅受欢迎的要点。

作为顶级大师瓦格纳的椅子，Y型椅的价格便宜又合理

抛开设计、落座舒适度、性感美等诸多视角，Y型椅畅销的首要理由就是价格。截至2016年春，一把Y型椅只要10万日元左右[4]（约合5 800元人民币，按照2022年8月日元兑人民币汇率计算，后同）。肯定会有很多人觉得这比I公司和N公司的家具价格高，不过考虑到耐久性和品质等因素，花10万日元左右就可以买到瓦格纳的椅子，已经非常合理了。也有人评价说Y型椅的性价比还是不错的。毕竟"椅"椅和中国椅（FH4283）的价格都高达几十万日元到近百万日元。

能够设定成这样比较合理的价格，有赖于使用机械加工实现了成本削减。虽然Y型椅的框架使用机械生产，但是其座面经由人工编织，散发着手工艺的温和感。虽然是工业产品，但依然具有手工艺特质，可以说Y型椅是取了这些要素和价格的平衡吧。

站在销售店的立场看Y型椅
—— 好卖的椅子 ——

对于家具销售店来说，Y型椅是一款好卖的椅子。购买Y型椅的人大多是做好购买的决定才来店里的。一家北欧家具销售店的社长曾说："这是款非常好卖

＊4 截至2016年4月，不含税的销售价格（纸绳自然加工，落座高度45cm）。
· 山毛榉木材：使用上皂精加工84 000日元（约合4 267元人民币），使用上油涂装97 000日元（约合4 927元人民币）。
· 橡木材：使用上皂精加工94 000日元（约合4 775元人民币），使用上油涂装107 000日元（约合5 435元人民币）。
1996年1月出版的《室内》（工作社）杂志No.493刊载了时任卡尔 · 汉森父子公司总裁的乔根 · 格纳 · 汉森的采访文章（1995年11月采访）。下面介绍其中一部分："（Y型椅）在日本的售价是58 000日元（约合2 946元人民币）。自6年前起未曾变化，既没有涨价也没有降价，我觉得如果没有发生太大的变故，那么我们还会继续以相同的价格出售。"

的椅子，不需要销售员的能力，销售时甚至都不需要对椅子做什么介绍。”

Y型椅可以4把一套作为餐椅出售，某些情况下也可以6把一套出售，对于销售店来说是难得的好椅子。不过对于有些不能习惯Y型椅扶手背面部分（圆棒切削成扁平状）的客户来说，销售员会推荐带有宽幅靠背的椅子PP 68[1][瓦格纳设计，PP家具公司（PP Møbler）[2]生产，1987年上市]作为对比产品。

出售Y型椅也成为店铺的标志。“摆放在入口附近，路人就会知道我们是一家经营北欧风格家具的商店了。”（同一个社长）

站在使用者的立场看Y型椅

——轻便、稳定、耐久——

对于日常使用Y型椅的人来说，落座的舒适度极为重要。如前所述，每个人都有自己偏好的坐姿。Y型椅可以适应一般椅子做不到的横向、斜向姿势，适用性强且实用就是它受到广泛支持的原因之一。

不只是坐着舒服，轻便、稳定也是它的卖点。Y型椅平均座高43 cm，重4 kg，每把椅子依据材质不同略有区别。坐垫使用纸绳，所以比较轻，因此搬动时就很方便。比如在大扫除时，如果觉得它碍手碍脚，那么用吸尘器或者用脚就可以推开。

相比于轻便，稳定性更为重要。Y型椅虽然轻便，但仍不失稳定性，老年人

Y型椅很轻便，可以用脚推开。

*1 PP68是PP58（第9页照片中刊载的）纸质座面型号。

*2 PP家具公司（PP Møbler），丹麦的家具制造商。1953年由埃纳·佩德森（Ejnar Pedersen）和其弟拉斯·佩德·佩德森（Lars Peder Pedersen）共同成立。成立后曾生产过瓦格纳的椅子的原型等。1990年，约翰尼斯·汉森公司停业之后，该公司生产的瓦格纳的椅子多为PP家具公司所继承并继续生产。主要的椅子有中国椅（PP66、PP56）、“椅”椅、孔雀椅等。

可以抓住扶手稳稳地站起来，总之不管是站起还是落座都很容易。即使孩子在椅子上玩耍，只要不过于调皮也不用担心摔落。

“我女儿抓着Y型椅可以用脚尖站立起来。不管是攀爬还是两脚穿过Y型椅靠背两侧垂下来甩脚玩，都不会摔倒。”（一个1岁8个月大的女孩的父亲）

在家里随意使用、被孩子拿来当玩具玩耍时总不免让人在意脏污和损坏。比如不小心把味噌汤或者酱油倒在了座面上该怎么办？如果是皮革或者软垫椅子，恐怕无论怎么擦拭都会留下污渍。而Y型椅只需要在浴室用淋浴器冲刷一下，脏污就可以被冲下来，用毛巾轻拍再晾干就行了，而且干得也很快。正因为其坐垫是纸绳才有这样的优势（参考第180页）。

编织座面还有其他的优点。比如透气性良好，不容易堆积热量。在雨季或者夏天不会闷热；在冬天，如果房间里开着暖气的话，温暖的空气很容易渗透，使用者不易着凉。

使用超过10年后，纸绳编织会不可避免地松弛，这也是没有办法的事。这

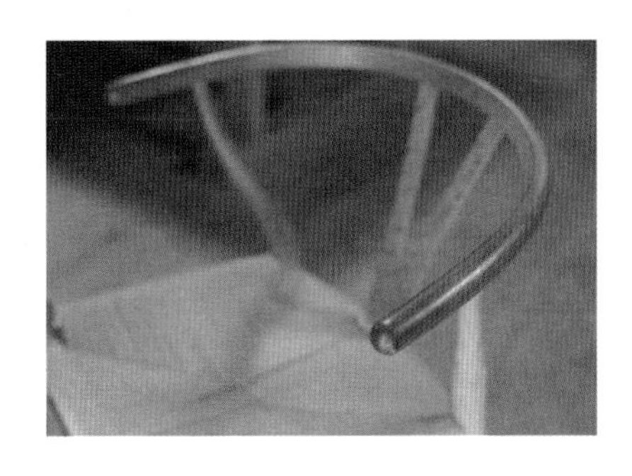

连续使用了20年以上的Y型椅，其扶手末端，即手一直接触的部分已经变成了漂亮且有光泽的颜色。

时就可以请可靠的编织师傅将纸绳重新编织整齐[1]，同时还可以对框架松动和破损等一并检查、修理，根据情况再做清洁，椅子便会焕然一新。事实证明，Y型椅是一把可以使用多年的椅子。

不必因为它是瓦格纳的名作椅子就过于谨慎对待，因为它是一把可以随意使用的椅子。Y型椅能够作为生活道具融入日常生活中，这一点也是许多人愿意使用它的理由吧。

站在制作者的立场看Y型椅

——使用机械大量生产却不失工艺要素——

Y型椅制造方式的特点在于它是由不同体系的工程结合而成的，即使用最先进的机器大量生产零件，并由手工完成座椅表面的纸绳编织。正是因为这样的制造方式，Y型椅的大部分零件可以使用机器生产，但是又给人以手工艺的温和感。

我问了一些木工和其他工匠对于Y型椅的印象，粗略总结如下："用机器来制造的想法真是厉害""看起来制作很难，事实上加工可以用机器完成，修补也很方便"等。使用机器完成大部分的制作可以说是Y型椅备受关注的特点。

在材料方面，出于成本考虑，在木材切削的方式上需充分考量。作为这个椅子的特征，一眼看上去曲线形态复杂的后脚实际上是二维形状的。令人惊异的是，后脚用的是木板材加工而成，而不是木块。

在结构方面，在需要受力的部分也有加粗等周密的设计（侧拉档的后方稍

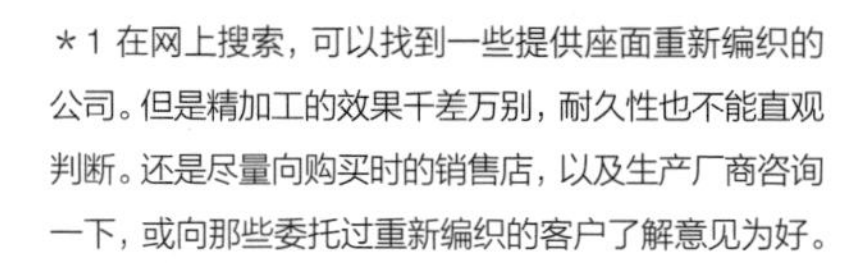

＊1 在网上搜索，可以找到一些提供座面重新编织的公司。但是精加工的效果千差万别，耐久性也不能直观判断。还是尽量向购买时的销售店，以及生产厂商咨询一下，或向那些委托过重新编织的客户了解意见为好。

微加粗）。只不过因为采用了最低程度的粗细，整体上依然给人以“苗条”的印象。

总结来说，Y型椅在加工方式、结构等方面有诸多值得工匠学习的地方。对于木工相关的从业者来说，Y型椅可能算不上很有人气，不过也算是一把备受关注的椅子。

站在制造公司和瓦格纳的立场看Y型椅的销售情况

对于总部位于丹麦的制造商卡尔·汉森父子公司和卡尔·汉森父子日本分公司来说，Y型椅就是一个聚宝盆商品。虽然两家公司还出售除了Y型椅以外的家具，但是就销售额来说Y型椅占了很大一部分。

对于汉斯·瓦格纳来说，Y型椅的专利权收入颇为可观。不过，调阅瓦格纳的访谈文章，却鲜有他对Y型椅的评价。根据实际上在他晚年时同他当面交流过的人所述，瓦格纳对于Y型椅的设计和思考几乎没有提及。其中，在1992年和瓦格纳当面访谈的椅子设计师井上升提到，瓦格纳曾说过“Y型椅就

瓦格纳（拍摄时78岁）和夫人茵嘉（Inga）。两张照片均为井上升于1992年所摄。

在瓦格纳的工作场所摆放的Y型椅。桌面上，资料随意地堆放在一起。

是一个能赚钱的‘孝子’”。当时，有人推测瓦格纳一年能有数千万日元的专利收入，而仅Y型椅就占到了其中近半。

对于制造和销售公司来说，Y型椅是有助于增加销售利润的椅子，对于瓦格纳来说也是能赚取专利费的椅子。总而言之，从本质上看，对于两者来说Y型椅都是一款不可多得的产品。

在日本尤其受欢迎的理由

据说Y型椅在日本的年销量有5 000~6 000把[1]，相当于Y型椅年产量的1/4到1/3。销量比较高的国家有丹麦、德国、日本，近年来在美国也有增加的趋势。

在日本如此畅销，大概是由于日本人的感性。日本人所具有的感性使他们尤其偏好使用Y型椅，同时这也使Y型椅有了接受它的土壤。

日本人大多喜欢树木。木结构建筑和木工艺的传统保留至今，也有许多木制工艺品爱好者。虽然Y型椅主要是由机械加工制成的，但也像是件工艺品。尽管是工业制品，却有工艺感，和人的肌肤触感相近。木制的北欧椅子种类众多，应该说Y型椅造型的性感美与日本人的感性以及肌肤触感相契合吧。

Y型椅使用的主要素材是山毛榉和橡木[2]，是日本的山毛榉和日本橡木的近亲。这些树在日本随处可见，对于日本人来说也很熟悉。

“椅”椅也是瓦格纳的代表作品，但因为其体积较大，不太适合大多数日本人的体型，通常更适合体格比日本人更大的欧美人。不过，就设计和性感美而言，“椅”椅也是一种可以在日本广泛使用的椅子，奈何价格昂贵，令一

＊1 1990年代后半期到2000年代前半期，Y型椅的年销量从4 000把增长到5 000把，2003年达到了6 000把。2006年是7 000把，2007年在日本国内售出9 018把，次年达到7 000把。

出处：知识产权高等法院《事件编号平成 22（高等裁判所の事件>行政訴訟事件（第 1 審））10253等》（Y 型椅三维商标注册）判决文

＊2 我认为这些材料指的是以下树种。参考第58页。

· 意大利山毛榉（当地名称：Bøg，学名：*Fogus sylvatica*）

· 夏栎（当地名称：Stilk-eg，学名：*Quercus robur*）也被称为夏橡。“eg”是橡木的总称。

般人难以支付。为了纪念瓦格纳诞辰100周年，于2014年在丹麦设计博物馆举行的瓦格纳展览画册记录中描述了Y型椅在日本畅销的情况[3]。

受欢迎的根源在于椅子自身的力量

以上已经描述了Y型椅受欢迎的秘密及其魅力，不过从根源来说是因为Y型椅自身具有的“力量”。这种力量并非是外在可见的设计或构造等，而是包含性感美和畅销能力等在内的综合力量。Y型椅虽然在1950年就发售了，但是销售最初并不好。在日本正式贩卖是进入20世纪60年代之后的事情。那时，银座松屋的展销会上出售北欧家具和丹麦家具，其中就包含Y型椅。在丹麦的发售之初以及刚引入日本时，Y型椅不过就是一把看起来外形稍显奇怪的椅子而已。从那个时代以来已经过去了几十年，现在Y型椅已经是北欧椅子的代表了。究其原因，就是Y型椅本身具有的潜在力量。

＊3《瓦格纳：一把好椅子》（*WEGNER just one good chair*）第124页刊载的Y型椅照片说明中有下述记载。该书（英语版）中对Y型椅使用Wishbone Chair或CH24来表示。

"Today, Japan is a major purchase of Wishbone Chairs. Like Denmark, Japan has a culture of fine craftsmanship, though no tradition of chair design."

（译者注：如今日本已经是Y型椅的主要市场。和丹麦一样，日本也有工匠文化，尽管没有椅子设计的传统。）

Y 型椅的多种坐法

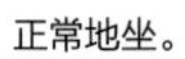

正常地坐。

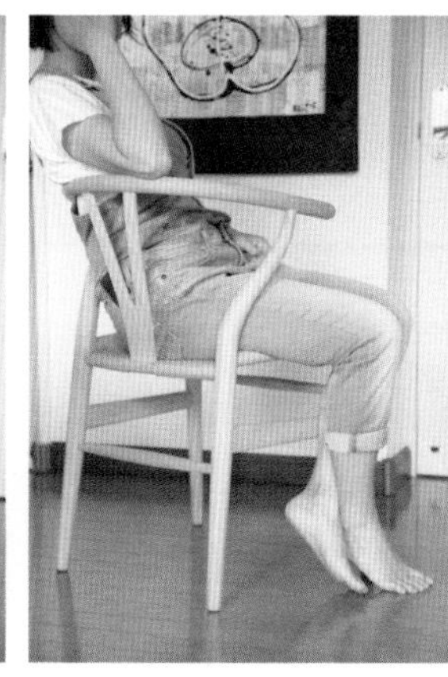

横向坐。

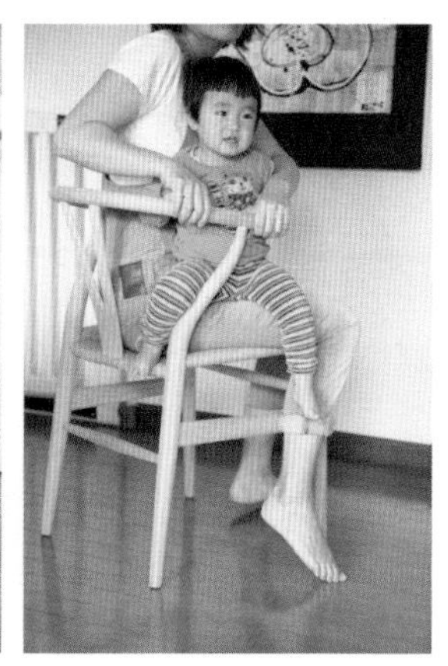

斜向坐并抱着孩子。

伸直腿放松。

斜向坐着看书。

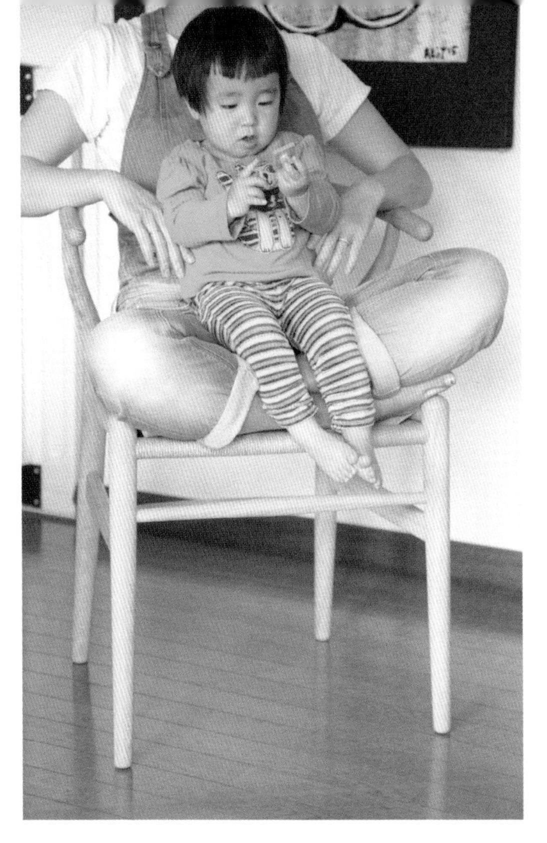

盘腿坐并抱着孩子。

盘腿坐着看报纸。

盘腿坐着看电脑。

在椅子上屈膝蹲坐。即便足底抵着椅子前脚顶部，也很舒适，同时可以按摩足底涌泉穴。

挖耳清洁的时候，扶手高度正好可以放右手肘。

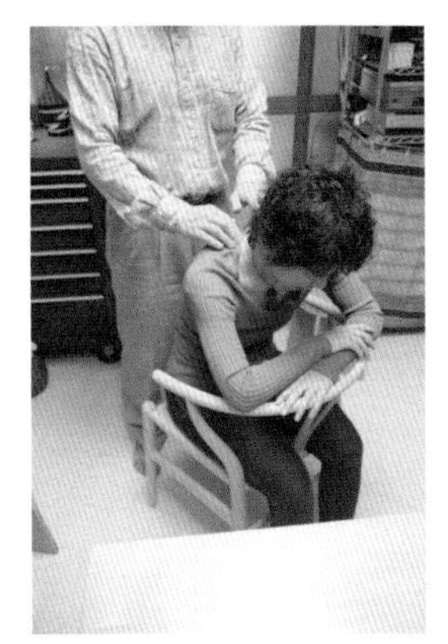

向后坐，方便按摩肩部。

Y型椅的舒适度

感受方式因人而异

落座时的感觉因纸绳的张力而异

Y型椅的落座感受是舒服还是不舒服呢？觉得舒服的人更多一些，不过也有人表示不像大家说的那么舒适。人的体型，比如身高和腿长等会在很大程度上左右落座的感受。此外，根据坐姿癖好和使用场合不同，感触也会不一样。Y型椅虽然作为餐椅销售，不过也有人说用餐的时候会碰到扶手顶端，或者用刀切牛排时会有不便。

Y型椅的座面是纸绳编织的，其沉降对落座舒适度的影响常常被忽视。长时间使用后，纸绳的张力就会松弛，座面会沉降变平，继而影响落座的舒适度，腿部内侧顶在座框上也会令人心生不快。

更换纸绳的频率一般是10年一次，不过如果拉得不够紧，那么几年就会沉降。拉座面看起来很简单，但是要做到耐久性和美观的两全并不易实现。同时，拉得好不好对于落座的舒适度和耐久性也会造成比较大的偏差。

扶手和背板也与落座舒适度有颇大的关联。Y型椅的扶手和瓦格纳的其他椅子相比曲线更紧致。相比“椅”椅而言，其抵着背部的部分是将直径30mm的圆棒弯曲之后刨平制成的，因此有使用者抱怨它的舒适度欠佳。

由于直径只有30mm，对于背部的稳定支撑可能会有所限制。此外我听说，如果坐得比较深，Y字形的背板抵着腰部和臀部，落座的舒适度会增加。有位使用者曾说“我终于找到在Y型椅上的正确坐姿了，那就是把屁股紧贴着背板的下方，腰背伸直正坐”。

扶手的形状和背板的存在给腰椎带来的影响

有本叫《变化的主题：汉斯·瓦格纳的家具》（*Tema med variationer Hans Wegner's møbler*，亨里克·斯滕·莫勒著，1979年在丹麦出版）的书中记载了瓦格纳的生平和功绩。关于瓦格纳的想法，作者在书中写道，“落座时坐得深一些很重要”。此外《瓦格纳：一把好椅子》一书中介绍了瓦格纳关于坐姿的评论：“落座时必须要留有背后的空间，这样即使深坐其中，腰椎也能够很好地被支撑，背部就会呈现出恰好的曲线。”

瓦格纳认为，背板不是用来支撑背部的，而是需要能切实支撑住腰椎部分的宽幅背部部件。此外他还认为，必须要留有一定的空间来改变姿势，以免被迫持续以某种姿势坐着。正如稍后会更详细描述的，1950年代前半期，瓦格纳和理疗师埃吉尔·斯诺拉森共同开展了研究，以帮助那些无法靠着靠背落座的脊髓灰质炎患者。那是在“椅”椅和Y型椅等发表之后没多久的事。受到研究结果的影响，U字形背部的椅子从Y型椅出现之后都取消了背板的设计，它的背板也因此而有了一片空间（V型椅除外）。以圈椅为源头，中国椅诞生了。此后的椅子体系就分为了Y型椅和“椅”椅两个方向（参考第9页）。即有背板的Y型椅系列和没有背板的“椅”椅（也写作Round Chair）系列。此后，Y型椅的形式没有继续发展，而被看作有背板的中国椅的最终形态。

瓦格纳的椅子，其特征在扶手形状上体现得最多，不过“椅”椅系列的椅子上没有了背板，取而代之的是半圆形扶手兼具背部支撑功能的宽幅形状。牛角椅（JH505，1905年）、心形椅（FH4103，1952年）、转椅（也写作JH502，1955年）、公牛椅（JH518，1961年）等都没有背板，而扶手圈抵住背部的部分被加宽了。设计师为了让椅子对腰椎的支撑更为舒适，下了一番功夫。

转椅就是最明显的例子。这把椅子坐着舒服，但是价格也异常高昂。它的扶手非常舒适，不过制作起来也耗费人工。相比Y型椅，它也需要更厚实的材料。

那么为什么会做成这样形状的扶手呢？关于这方面可以参考上文中提及的《变化的主题：汉斯·瓦格纳的家具》一书。

1952年到1953年，脊髓灰质炎以哥本哈根为中心蔓延开来。其后在哥本哈根大学医院担任理疗部门研究主任的埃吉尔·斯诺拉森作为理疗师，开始了针对脊髓灰质炎患者的治疗研究。

瓦格纳就腰椎曲线和腰椎支撑的重要性和斯诺拉森开始合作，开展了诸如帮助体弱且无法靠着靠背坐下的脊髓灰质炎患者坐到椅子上的各种研究，其成果运用到了椅子的设计上。不仅是脊髓灰质炎患者，对于健康人士来说背部肌肉和腹部肌肉功能的退化也是一个普遍的问题。为了使其广为人知，展示转椅时，墙上张贴了海报，详细解释脊柱和靠背之间的关系。瓦格纳从人体工学的角度对椅子的设计付出了诸多努力。

在此，希望读者不要误解的是，相比Y型椅，坐在“椅”椅和其之后设计出来的椅子上并不会更舒适。对于椅子的喜好因人而异，这也是理所当然的事情。不只是体型有别，骨骼和肌肉的形态等同样会造成差异。每一把椅子都是不同的。尺寸、角度、座面和背部的材质（硬度和弹性）等因素都会极大改变落座时的感触。就Y型椅来说，有些人的体型恰好适合其尺寸，所以很喜欢它，自然也会有人认为其他的椅子更舒适。

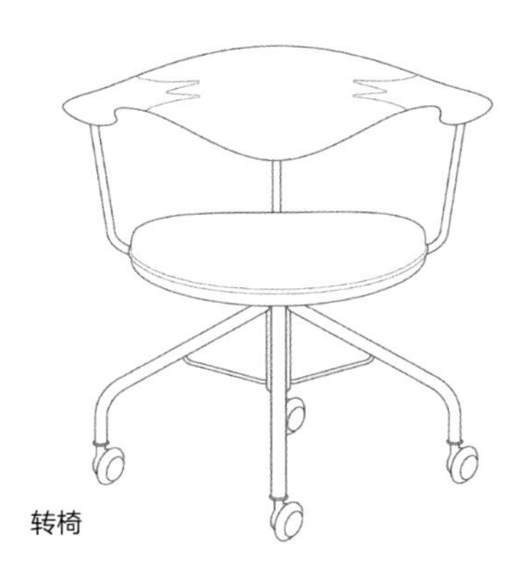

转椅

第2章

设计与结构的秘密

每个部位的设计和结构都有其意义

Y型椅在椅子中享有盛誉，因为它的根基是由美观的设计和合理的结构构成的。在本章中，我们将探讨瓦格纳从受到中国明代的椅子启发，到设计出Y型椅的过程，探索各部件和它们组合所创造出来的设计的奥妙和结构的秘密。

1 从中国的圈椅到中国椅，再到Y型椅

受中国明代椅子的启发，瓦格纳设计了中国椅

1997年6月27日，汉斯·瓦格纳成为首位获得伦敦皇家美术大学荣誉学位的丹麦人。那年接受丹麦电视节目采访时，瓦格纳对于椅子的落座舒适度做了如下表述："完美的椅子是不存在的，这就是我得出的结论。我认为每一把椅子都一定有改善的余地。椅子在结构、技术，以及功能、落座舒适度上都必须要不断完善。同时，一把好椅子也一定要能适应不同的坐姿。"

奥利·万施尔[1]在1932年著有《家具样式》(*MØBELTYPER*)一书。瓦格纳于1943年在奥胡斯[2]图书馆读到了这本书，并看到刊载其上的中国明代椅子的照片。那把椅子就是圈椅。

瓦格纳在哥本哈根的一所手工艺学校就读时，丹麦工艺博物馆购入了一把轭形[3]靠背的中国椅。

1944年左右，瓦格纳参考中国明代的椅子发布了两把中国椅[4]作品。其一是为约翰尼斯·汉森公司[5]设计的中国椅，靠背是轭形，靠背框架整体近似四边形。据说这把

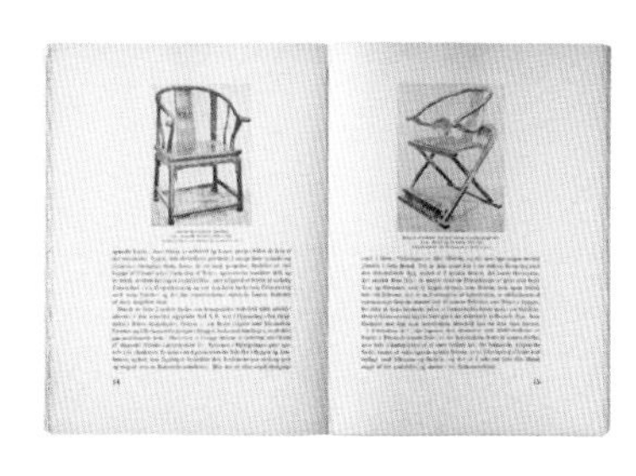

《家具样式》的封面和与圈椅相关的照片。

*1 奥利·万施尔(Ole Wanscher，1903—1985)，丹麦家具设计大师，美术工艺史研究者。他接替克林特成为皇家艺术学院家具系教授。

*2 奥胡斯，丹麦第二大城市和主要港口，位于日德兰半岛沿岸。

*3 轭形，"轭"是指在驾车时搁在牛马颈上的曲木(多用于农业)。轭形靠背椅因其靠背上部形状像轭而得名。

*4 设计年份是1943年，于次年发表。海外文献有时候也称其为"China Chair"，在本书中使用日本的普遍称呼"Chinese Chair"(中国椅)来表述。

*5 约翰尼斯·汉森公司(Johannes Hansen)，曾制造瓦格纳的"椅"椅和转椅等，于1990年停业。此后，多数瓦格纳的作品的制造被PP家具公司承包。

椅子参考了丹麦工艺博物馆馆藏的轭形靠背的中国椅。

另一把是由弗里茨·汉森公司[1]发布的中国椅FH4283，现在依然在生产和销售，它在很大程度上受到了圈椅[2]的影响，其扶手呈圆弧形。此后，瓦格纳在1945年又设计了FH1783。这些椅子在日后逐渐进化成了Y型椅（CH24）。

观察进化的过程，人们可以看到扶手的支撑位置逐渐后移了。Y型椅的后腿延长，与扶手的支撑呈一体化，整体呈现S形延伸状。就结果来看，即便扶手得到保留，斜着坐时扶手的支撑也不会影响到腿的摆放。椅子可以根据使用者的喜好适应各种坐姿。这种人性化的设计就在Y型椅的形态上很好地体现了出来。

圆弧形的圆棒扶手和支撑它的Y字形背板以及S形弯曲的粗细不一的后腿，这种简约而又具有不凡外观的椅子，哪怕只看到其中一部分便可以知道是Y型椅。虽然几乎全部的部件都是机械加工出来的，不过依然能给人以手工艺品的印象，这大概要归功于瓦格纳的杰出创造能力赋予它的外观吧。

一个好的设计，在每一个细枝末节处都可以做出说明，如各部分之间相结合的原理和形状的设计等。我认为，现在市面上常销的杰作椅子之所以可以给人留下深刻印象，并不是因为形状本身的设计，而是其外形具有和功能性相融合的特征使然。

＊1 弗里茨·汉森公司（Fritz Hansen）是丹麦的家具生产厂家，由弗里茨·汉森创办于1872年。代表性的椅子有阿尔内·雅各布森（Arne Jacobsen）的七号椅和蚂蚁椅以及瓦格纳的中国椅等。同公司的几乎所有作品在产品编号上都有公司名字的首字母缩写FH。

＊2 瓦格纳没有见过圈椅实物。他是从圈椅的照片中发挥想象，继而设计了中国椅的。武藏野美术大学名誉教授岛崎信和瓦格纳的直接对话可以证实（参考第182页）。

*此图中的圈椅为武藏野美术大学美术馆藏品。

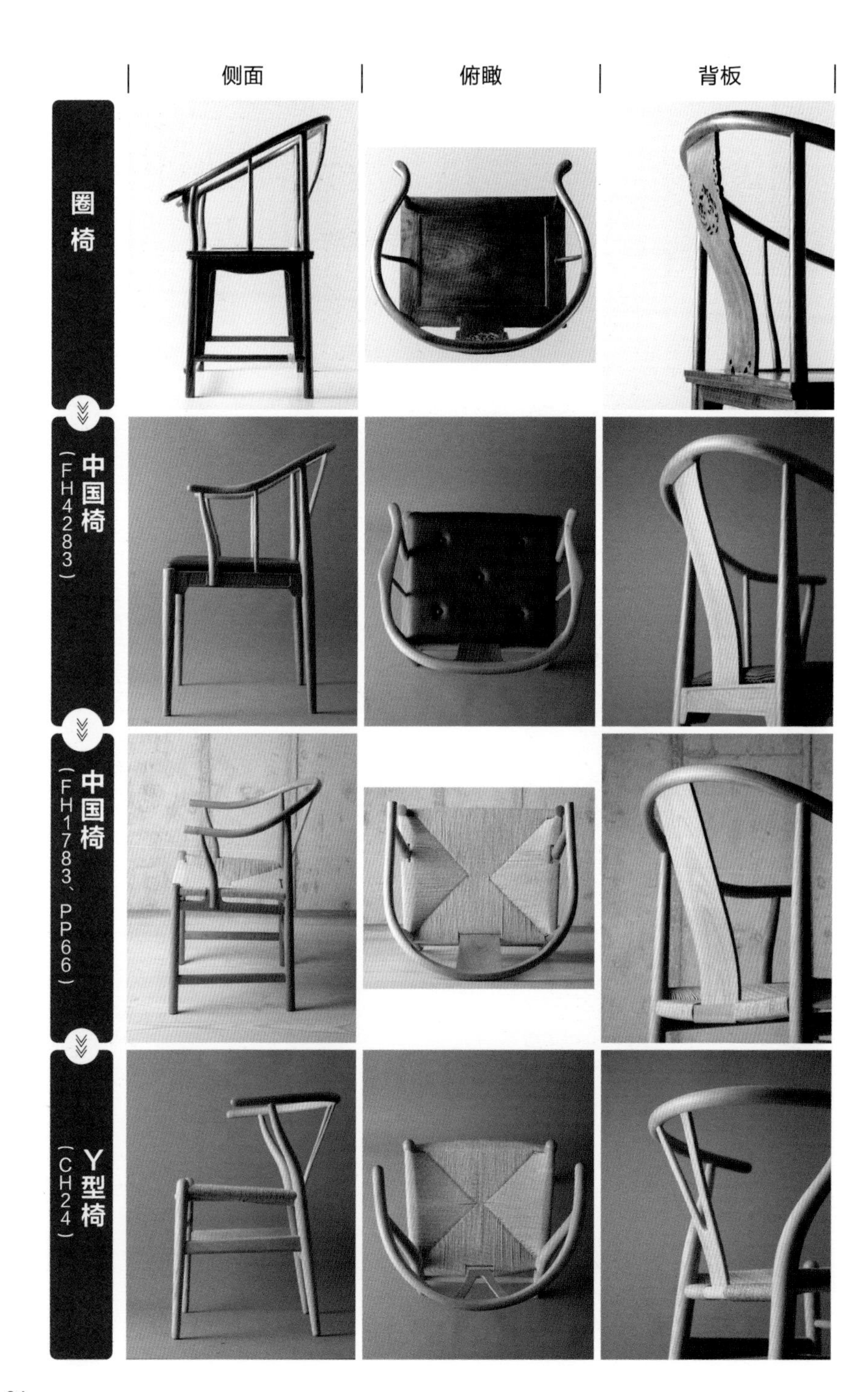

侧面
俯瞰
背板
圈椅
中国椅（FH4283）
中国椅（FH1783、PP66）
Y型椅（CH24）

扶手
座框、拉档
背板和扶手连接处

有浓重的圈椅的影子、给人以经典印象的中国椅

中国椅FH4283上残留着浓重的圈椅的影子。在FH4283面市的5年之后设计出来的Y型椅，虽然沿袭了圈椅的设计风格，不过也给人相当简练的印象。这是在Y型椅上省去了装饰物，连接部位和部件的形状等都简略化所致。

圈椅的椅腿和座框内侧有一个承担了角梁作用的部件，兼具加固和装饰作用。FH4283上，椅腿和座框结合的部分加宽，继承了圈椅的大体风格，同时又具有更为简洁的形态。因为接合部强度增加，也不需要拉档了。

从圈椅到FH4283有一处较大的改动，就是扶手从二维曲线向三维曲线的变化。[1]扶手在承担扶手作用的同时，也承担了支撑背部以上的几个部位的作用。要具备这样的功能，就必须压低手肘靠着的地方。因此中国椅最终采用了三维的曲线。其背板采用了和圈椅一样的形状，从侧面看呈现S形曲线。这种形状是为约翰尼斯·汉森公司而设计的，另一把中国椅也采用了同样的设计。

FH4283是一把能营造出优雅氛围的椅子，座框的雕刻装饰和扶手前端的形状会令人联想到圈椅，不失经典的印象。

＊1　二维曲线的扶手是从平板加工而来的，而三维曲线的扶手则是用比较厚实的材料（类似于木块）切削而成，形成雕刻出来的蜿蜒形状。

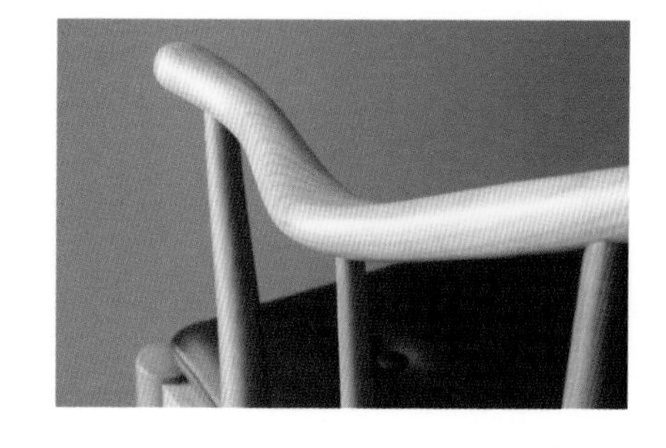

外形简练的中国椅的推出

设计了FH4283的次年，瓦格纳又设计了外形更为简练的中国椅FH1783（现更名为PP66）[2]。虽然它仍留有圈椅的痕迹，不过由于去掉了所有的装饰要素，因此看起来更为现代化。其扶手仍然呈三维弯曲，不过改为了圆棒，扶手前端经修改加工成只有手工加工才能做到的形状，其背板和FH4283为同一款式。

现在制造的PP66的座面虽然是纸绳编织的，不过最初是使用海草制作的[3]。1945年二战结束，战争导致了资源和材料的匮乏，人们才使用纸绳替代海草。这里面不仅有材料采购的问题，考虑到材料的价格和座面编织工作需要的人手，纸绳编织更加适合工厂生产，我觉得这也是后来将座面改成纸绳编织的一个主要原因。

依据卡尔·汉森父子公司的意向
将椅子设计成可以量产的形状

瓦格纳在设计FH4283和FH1783的空余时间，设计了两把圆形扶手的中国椅。它们也都继承了从圈椅发展而来的形式，整体上还留有依旧在原型阶段的实验痕迹，未能投入制造销售。

＊2 FH1783的制造由PP家具公司承接，产品编号为PP66。

＊3 PP66的座面改为布制后就是PP56（1989年发售）。除座面和支撑的带子外，PP56和PP66几乎一致。

其后依据卡尔·汉森父子公司的委托，瓦格纳于1949年设计了Y型椅（CH24），并于1950年推出。该公司开出了椅子要能机械化量产的条件。瓦格纳住在汉森家努力设计椅子和桌子，除了Y型椅之外还设计了CH25等椅子新作，并于同期推出[1]。

Y型椅有圈椅的"血统"，前文提及的FH1783的设计则更为简洁，给人的印象也有些不同。为适应机器生产，根据量产家具制造商卡尔·汉森父子公司的制造方针，瓦格纳对FH1783的外形做了改动。

Y型椅的扶手为二维曲线，进深浅，顶端的形状较宽（FH1783的扶手越往顶端越窄）。此外，支撑扶手的拱部和后腿合体，从而在座椅前部创造了空间。因此，尽管还留有扶手，但是仍然可以适应各种自在的坐法。

Y型椅后腿上部优雅的曲线形状也继承自前文所说的两把中国椅上支撑扶手的拱形。

减少椅子的部件数量以实现简化，从而提升生产效率、削减成本

关于部件数量，FH1783有18件，Y型椅有14件。FH4283表面上可见的部件虽然是14件，不过还有坐垫、下面的座框和支撑座框的角梁、座面网格编织带等，全部包含在内的话，部件也不少。

Y型椅的部件数量大幅减少而实现了简化的设计，只从部件的数量来看，也可看出设计上考虑了量产化和削减成本的问题。

＊1 霍格尔社长和工厂厂长埃列戈德一同制作了餐椅、休闲椅等椅子的原型。

为了让扶手和背板能合理地结合在一起，将背板设计成Y字形

FH 1783上呈三维曲线的扶手在Y型椅上改成了二维曲线，背板也从三维成型改成了二维成型，且进一步切成了Y字形。

把宽阔的背板板材连接到弯曲的扶手上时，必须预先将板材沿着弧度曲线定制成型。不过在连接宽度较窄的背板部件时不需要预先加工成型，也能顺利连接到弯曲的扶手上。为此，要切出Y字形的背板，将接合部缩短并分成两处。

把三张薄板叠放形成二维基板，通过切出Y字形塑造出柔软感，板体也更容易沿着扶手的弧度弯曲。组装时，只要沿着弧度弯曲就可以连接起来，没有必要预先三维成型。这是一种能有效利用材料特性的合理方法。

FH4283的座面使用网面编制，可在上面放置坐垫。

FH1783的背板沿着扶手的弧度采用曲线加工成型。

Y型椅的背板使用了模制胶合板，具有柔软性，易于和扶手连接。

在决定拉档的形状时顾及强度要求

FH 1783和Y型椅这种使用纸绳编织座面的椅子，采用薄一些的座框可以

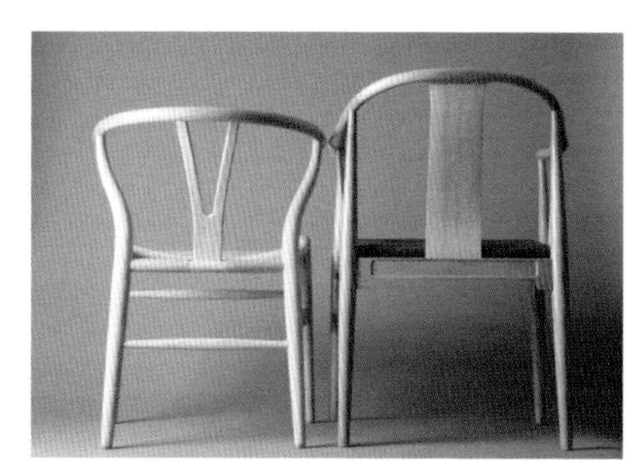

FH4283（右）没有拉档。

使得座面收紧后的效果更漂亮。由于座框很薄，需要通过拉档来确保椅子整体的强度。在FH4283上，使用了宽幅的望板[1]制成座框，没有安装拉档。座面采用网格编织，其上放置坐垫。

FH1783和Y型椅的座面采用纸绳编织，因此需要拉档。FH1783采用了板状的拉档；Y型椅上除了侧拉档（连接前后腿的拉档）以外，为了简化制造流程均采用圆棒设计，观感也更简洁。Y型椅的侧拉档为了不降低总体结构的强度采用板状材料，后方被加宽，增加了和后腿的连接面积。

2 各部件的设计、结构、加工方法和材料

— 为什么采用这样的设计？加工方法又是如何？—

将经过深思熟虑设计出来的各部件有机地组合在一起

为了适应产量，瓦格纳下了很多功夫简化Y型椅：在维持承重强度的同时，将椅子的外形变得更为简洁，给人以现代化的印象，并且还留有其原形圈椅的影子。能够做到这样的重要原因之一就是瓦格纳对于构成椅子各个部件的设计和结构等都经过了深思熟虑。各个部件有机地组合，诞生了独特的Y型椅。

那么，Y型椅的各部件为什么是这样设计的呢？结构上又为什么要采用那样的形态呢？下面，我就对加工方法和材料等做一番详细的说明。

＊1 日语原文写作“幕板”，指位于桌子等的顶板下方，和脚连接在一起支撑顶板的部件。在椅子上，指支撑座面的框等部分。

Y型椅的组成部件

1.扶手
2.Y形部件(背板)
3.后腿
4.前腿
5.座框的前坐档、侧坐档
6.座框的后坐档
7.侧拉档
8.前拉档、后拉档

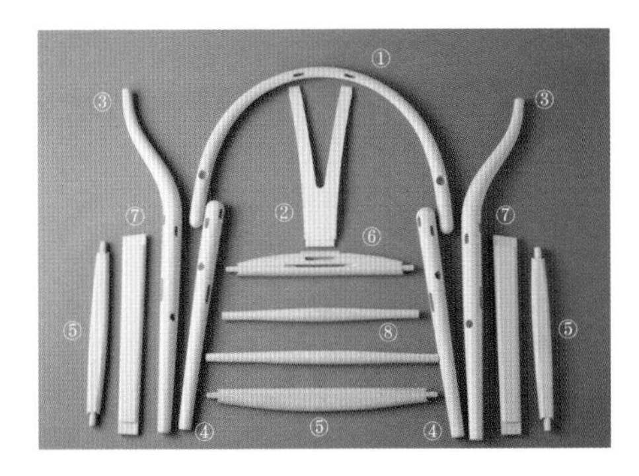

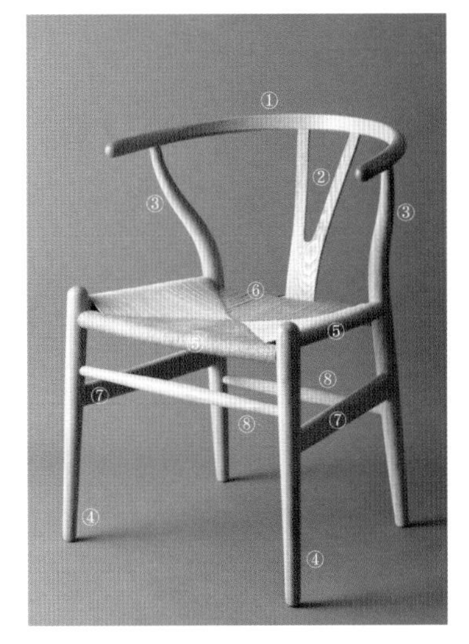

[1] 扶手

从需要随处落座的人的角度出发，设计了U字形和背部接触面的倾斜程度

通过弯曲木材制成的直径为30mm的圆棒制扶手恰好适合用手握住。用蒸汽蒸煮初始的方棒材料后放在U字形的模具中等待干燥，形状就固定了；

其后加工成圆形，并把接触背部的部分切削成倾斜面，再加工出榫孔；扶手是落座时手部直接接触的部分，移动椅子时也是用手抓握的部分，所以需要加工成顺手的粗细，并且又不会影响到和后腿以及Y部件连接时的尺寸。

在前文有关瓦格纳的采访中提到，人是没法保持同一个姿势久坐的，落座时会经常挪动身体。斜着坐的时候U字形的扶手就可以起到支撑背部的作用。圆棒作为扶手使用时，和背部接触的部分只有一条线，这样会给背部带来很大的压力。为了缓和压迫感，需要将圆棒斜削，以增加和背部接触的面积。

此外，U字形扶手的顶端部分略微呈张开状，同样是为了斜坐在椅子上的时候也能支撑背部。和后腿连接的部分相比，扶手的顶端突出了10cm以上，这当然也是为了支撑落座人的手臂。

瓦格纳椅子的设计特征，例如“椅”椅和牛角椅[1]等，最多体现在扶手的形状上。从我（坂本）的观点来看，Y型椅的扶手曲线稍显紧迫。25年间，我几乎每天都长时间坐在自家的Y型椅上，不知不觉就会斜着坐。可能是因为扶手的曲线从中央向顶端逐渐变缓，身体自然就朝着舒适的位置移动了。

从圈椅发展而来的中国椅的扶手是三维曲线。因为中心部位朝上弯曲，顶着背部的部分曲线就平缓了。瓦格纳根据制造工厂的设备和特性也在不断改变设计方向。由于卡尔·汉森父子公司是一家旨在量产产品的工厂，瓦格纳就选择了更易于加工并且生产成本更低的二维曲线设计。

把中国椅FH4283和Y型椅的扶手摆在一起观察。

*1 牛角椅（Cow-Horn Chair，曾被叫作JH505，现更名为PP505），由瓦格纳于1952年设计。

[扶手的比较]

把 Y 型椅的扶手和其他椅子的扶手摆在一起比较

"椅"椅

牛角椅
（PP505）

公牛椅
（PP518）

PP701
（瓦格纳偏好使用的椅子）

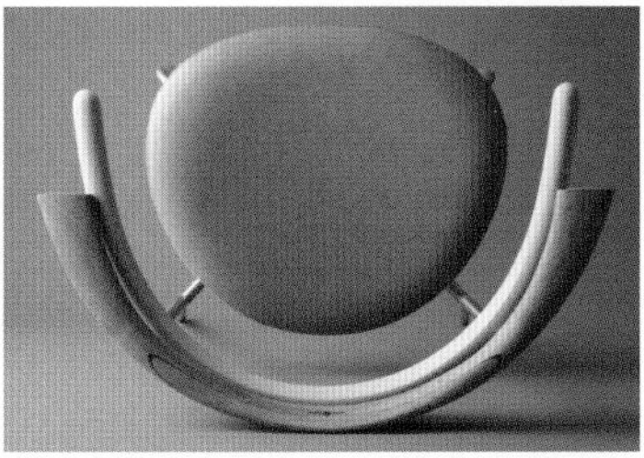

莫恩森设计的夏克椅
（J39）

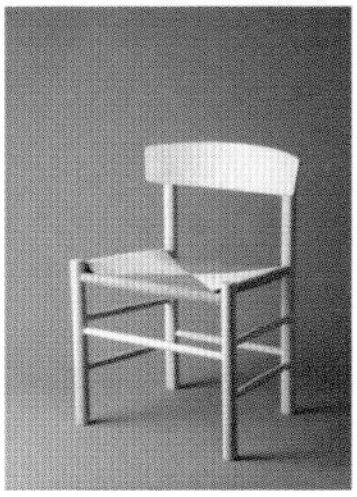

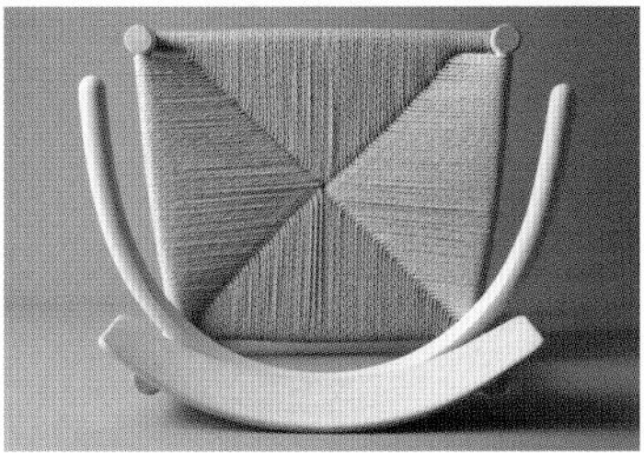

2003年，随着工厂搬迁，扶手的加工精度也提高了

自2003年以来，机械加工技术也随着搬迁到拥有最新设备的新工厂而得到进一步发展。随着计算机数控（Computerized Numerical Control，CNC）的引入，不再需要人力去移动作为切削物的木材，再施以切削加工。只要一次将木材固定到机器上，其后刀刃就会按编好的程序自动工作，工厂更为安全清洁，并且更高精度的部件加工也得以实现。

制造过程中的主要变化之一就是扶手部位的加工。弯曲木材制成的扶手部分在2003年之前是通过基本的木材加工方法制成的：先用蒸汽将木材软化，然后使用模具将其弯曲成U字形，干燥后形状便会固定。之后用手推刨床加工出基准面，再使用自动刨床加工到一定厚度并沿着模具切削侧面。如此一来，正方形截面的扶手就加工好了。再将其插入带有旋转刀片的类似大型卷笔刀的机器中，圆棒就会从另一端出来。此后把扶手顶端推入旋转刀片中，把顶端加工成圆形。待背部靠着的背板内侧削平后，最后加工开榫孔。

新机器加工的方法是使用CNC独有的方式。直到弯曲木材为止与先前的制作过程相同，只不过要先用CNC把需要做弯曲处理的木材切割出来。用机器的钩爪抓住并固定方形材料的下部约3 mm的位置，留下被机器抓住的部分，转一圈并切削扶手的侧面，这样扶手的形状立刻就显现出来了。之后切出机器抓住的部分，扶手的基本形状就完成了。最后需要做的就是开榫孔和切削靠背等部分的加工工作。

Y型椅的扶手抵着背部的部分被削成了平面。

[2] Y形部件(背板)

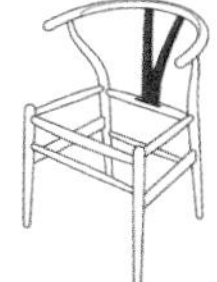

背板加工成分叉的Y字形
提升了强度，轻巧且形状美观

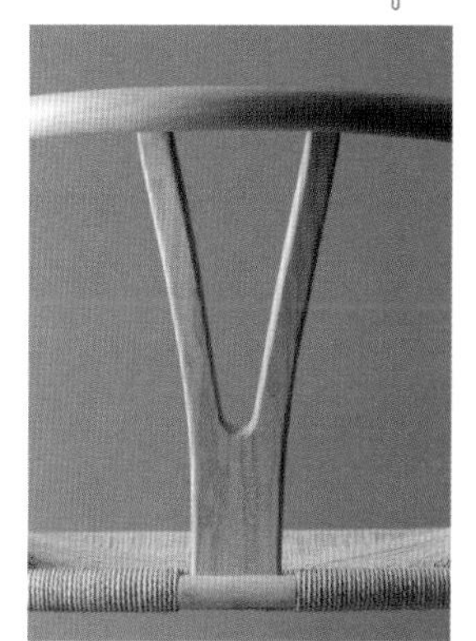

CH24被称为Y型椅是因为其靠背部件呈Y字形。在日本首次发售时曾在杂志文章上被称为“V型椅”[1]。目前尚不清楚是否为印刷错误。

与中国椅不同，Y型椅不再通过支柱支撑扶手，而是将后腿演变成能支撑扶手的形式。Y字形分叉的背板具有更高的承重强度，并且被加工成从审美角度看更为美观轻巧的形状。

在海外，Y型椅也被称为“叉骨椅”[2]，源自与鸟类的叉骨(wishbone[3]，即锁骨)相似的形状。

＊1 刊载在《室内》1961年6月刊“丹麦的家具”特辑上。1988年PP家具公司发售的由瓦格纳设计的三脚椅子PP51/3，因背板呈V字形故被称为“V型椅”。

＊2 在美国和英国多被称为叉骨椅。在丹麦一般被称为“Y Chair”。

＊3 因为鸟的锁骨顶端呈两路分叉，人们曾通过掰断的方式做占卜，所以称其为“Wishbone”。

为了提高灵活性，使用模制胶合板

和扶手一样，背板的形状从中国椅面市以来也有了很大的变化。中国椅上，曲线形的扶手和背板连接，连接部分的形状很复杂。并且因为背板同样需要三维成型，加工成本也不低。

为了降低Y型椅的成本，设计师采用将二维成型背板正中间切割成Y字形的设计。另一方面，背板使用模制胶合板而非实木材料以增加柔软性。背板处于散部件状态时虽然是二维形状，不过在组装时因为需要把扶手弯曲连接到榫孔内，最终会形成三维形状。背板上部有Y字形空隙，其大小正好可以方便地把手放进去;此外还有可以握着扶手的中心部位，所以还具有可平稳搬运的优点。

如果使用实木背板，在组装的时候有可能会开裂，形状可能也不稳定。[1]选择一种加工方法时，不拘泥于实木材料，而是考虑部件的强度和制造过程等，这可能就是瓦格纳的设计特征。这也是有匠人经验的设计师独有的解决方案。

在模制胶合板材料的选择上，旧Y型椅用的是共芯[2]的三层层叠板材，板材使用的是名为Abachi[3]的非洲产木材。很难判断这是否是出于降低成本的考虑，不过据说是因为层叠之后的形状更稳定。从大约2003年开始，Y型椅改为使用内外同种素材的共芯材料的成型板材。

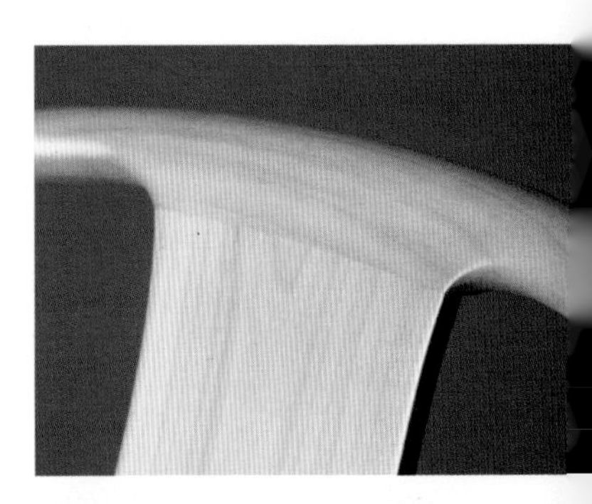

中国椅FH4283的背板和扶手的连接处的角，采用手工精加工的方式处理。

Y型椅的背板和扶手相连接的部分。

＊1 仿造的Y型椅多采用实木材料。

＊2 所谓共芯，指的是胶合板中的材料内外都使用同种木材。比如说华东椴胶合板的内芯材料多使用龙脑香科木材，而内外都使用了华东椴木材的胶合板就称为共芯胶合板。

＊3 Abachi，非洲白树，别名为Obeche、Ayous。在日本多用Ayous的名称，其学名为*Triplochiton scleroxylon*。

[3] 后腿

看起来是三维曲线
实际上是二维曲线

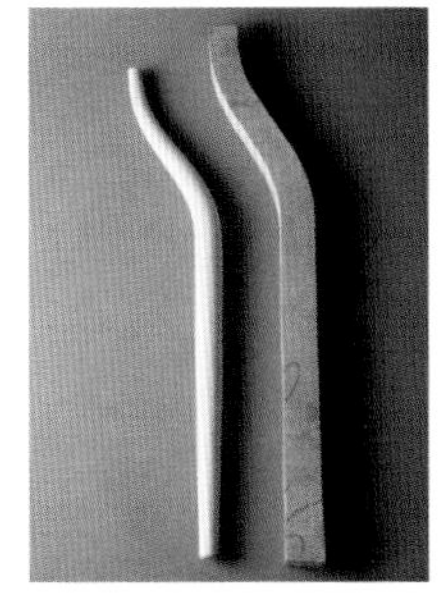

从右侧的板材切削出左侧的后腿。

乍一看，Y型椅的后腿似乎被切削成了三维的形状，但实际上是二维曲线的部件。后腿的形状给Y型椅增添了雕刻的工艺感，此处的二维曲线也是Y型椅的一大特征。

将板材切成比椅腿的外形更大的S字形曲线后，再做圆形切削。几乎所有到卡尔·汉森父子公司的工厂参观的访客都会被这个过程吸引：用机器横向抓住需要加工的木材的顶部和底部旋转。边上是一个旋转的比椅腿略粗的金属模具，刀具和砂光机与圆盘联动，从而可以沿着模具的形状自动加工腿部材料。前腿和拉档的加工也采用了同种复制[4]加工的方式。后腿是Y型椅加工中最耗费人工和时间的部分，据说在最初设计时，因为工厂没有用于加工该部件的机器，所以只能外包制造。

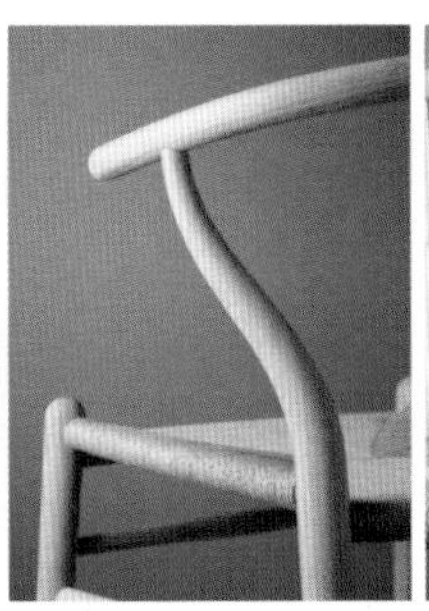
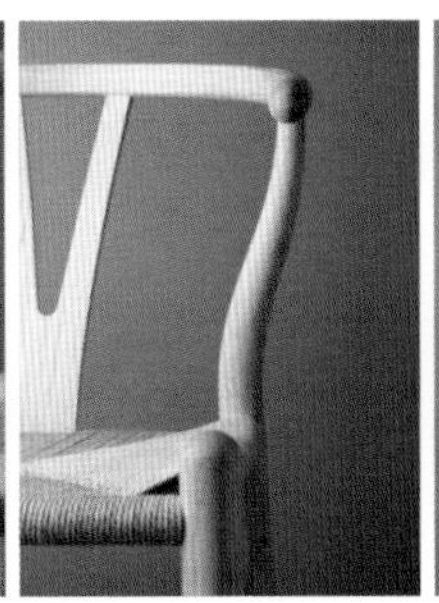
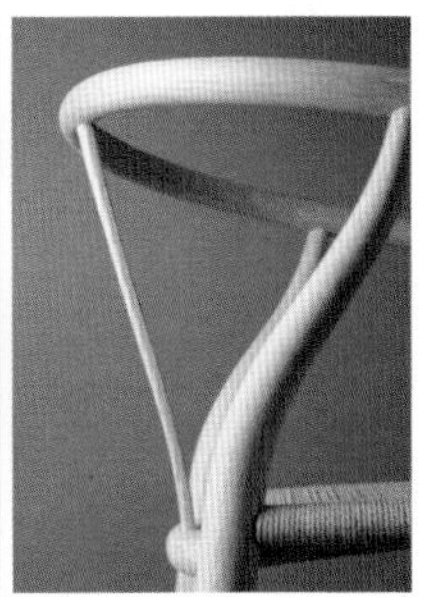

根据观察方向不同，椅腿呈现直线、弯曲状。

＊4 复制一词引入日本时曾出过拼写错误，此处提到的机器指的是木材复制机。

[4] 前腿

为了轻便除去了不必要的部件

与后腿形状相似，前腿越往尖部越细，形成锥形，并且除去了没用的部分。最为明显的效果就是看上去更为轻便简约了。

将椅腿上部削成圆顶，坐在椅子上的时候大腿内侧靠在其上的感受较为柔和。旧款Y型椅的椅脚尖端是略带圆形的形状，如今Y型椅的椅脚尖端则做成了倒角形状[1]。

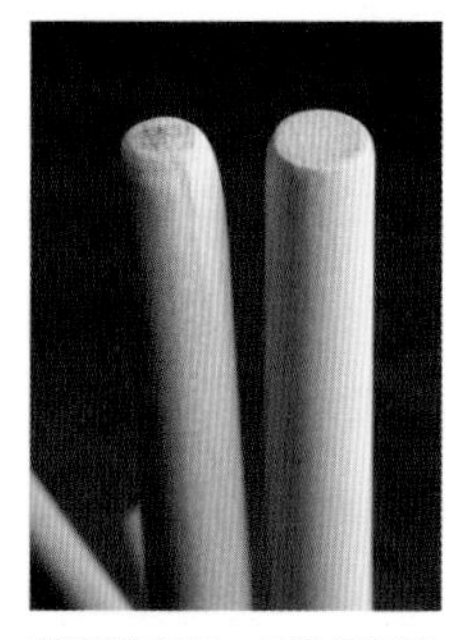

前腿的顶端。左边是旧款Y型椅，右边是现在的Y型椅。

[5] 座框的前坐档、侧坐档

为了承受纸绳编织座面的张力而使用板状材料

座框采用纸绳编织，所以会被相当大的力量向内拉。为了支撑这股力量，有一定黏性的高密度材料比较适用，比如山毛榉木材。

到目前为止，Y型椅的扶手和椅腿等部件使用过的材料有山毛榉、橡木、白蜡木、樱桃木、胡桃木、枫树木等（参考第58页。目前枫树木款已经停产）。无

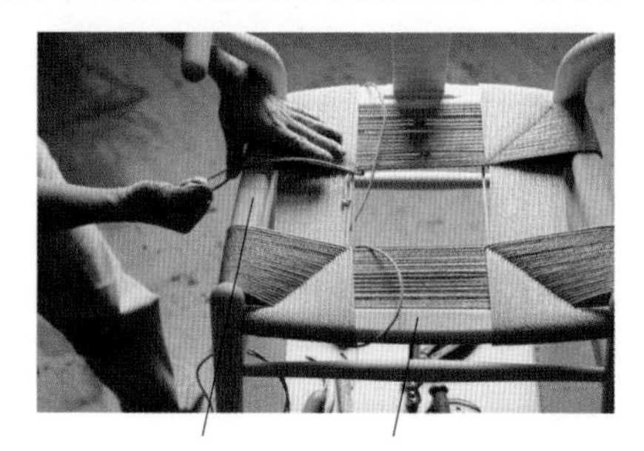

*1 在瓦格纳的原始图纸上，椅脚尖端是圆形的。

论扶手和椅腿使用何种木材，前坐档、侧坐档都仅使用山毛榉木材。

在丹麦颇受欢迎的夏克椅（Shaker Chair）J39[2]的座面上，使用纸绳编织时，拉力常常会把座框向内侧拉弯。这是因为J39的座框底座接口部分太细的缘故。

为了不让Y型椅的座框弯曲，该部分使用板材制成。座框部分的正中央最粗，这种加工方式在Y型椅和J39上是一样的。这不仅是为了保证强度，座框侧面如果笔直的话，视觉上会显得凹陷，因此正中间加粗也有营造视觉效果的作用。

[6]　座框的后坐档

通过加工方式的改进
加固纸绳穿孔周围的区域

座框后侧支撑Y部件的部位被称为后坐档。现在橡木材的Y型椅除了前、侧坐档之外，都使用橡木材制成。以前，由于Y部件的前方存在留给纸绳编织穿过的细长孔洞而影响美观的缘故，因此橡木材的Y型椅的后坐档使用了白蜡木材。

使用纸绳编织座面时，由于Y部件要和后坐档连接，纸绳没法从其后方穿过来。为此要在前方开孔，将绳子穿入后再编织。因为要承受相当的拉力，脆弱的材料很容易在孔洞边缘开裂。这是孔洞的加工方式引起的问题：刀具从正面和背面刺穿孔洞，孔洞的边缘就容易开裂。

将纸绳穿过后坐档的孔洞进行编织。

＊2 夏克椅J39（也被称为人民椅，英文写作The People's Chair），由伯厄·莫恩森（Børge Mogensen）于1947年在F.D.B（丹麦合作社）的家具部门设计。夏克椅在丹麦是比Y型椅更为普及的畅销商品。

为了防止这个问题出现，Y型椅的材质改为施力时不容易开裂并且和橡木纹理相似的白蜡木。一般使用虽然不会开裂，不过采用更加安全的加工方式无疑是更好的。

樱桃木的Y型椅从1999年发售开始，孔洞的加工采用倒角机制作带有圆角的孔以提升强度。通过这种方式，后坐档也可以使用和扶手及椅腿等同种的木材（共材）。可惜的是樱桃木款式，若使用以前的低成本加工方式会导致相当高的破损率。

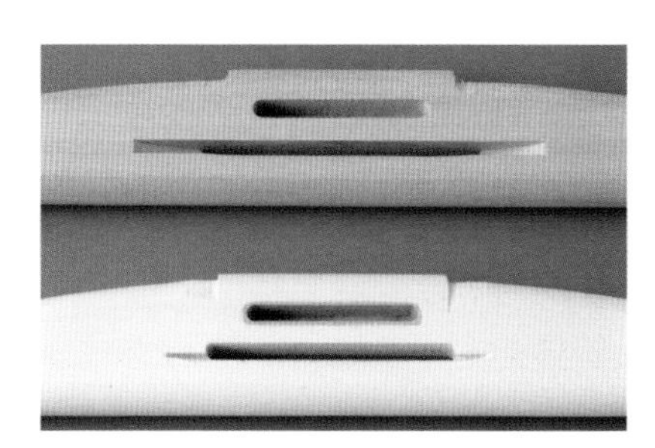

不过在给旧椅子重新编织座面的时候，偶尔也会看到圆角的孔洞。也许是出于某些原因，处理方式已经不同了吧。由于工厂的生产需要而改变加工机器的情况并不罕见，但是具体原因尚不清楚。

[7] 侧拉档

出于增加强度的考虑，侧拉档后端更宽

椅子侧面的板状拉档称为侧拉档，后端比前端更宽。由于椅子上座框和后腿的底部容易损坏，为了加强这一部分，需要加宽侧拉档以提升强度。

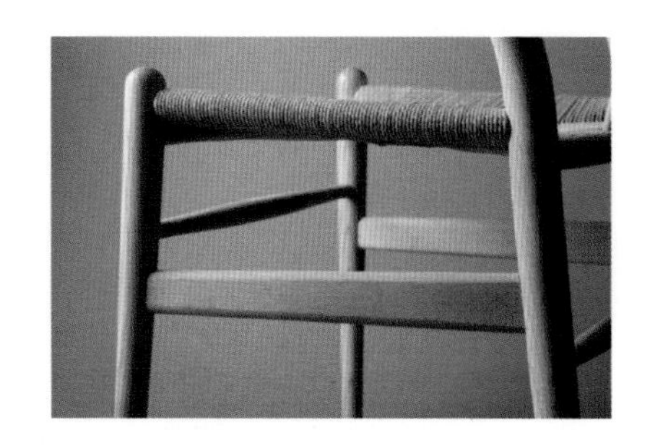

该部件上部的平缓倾斜是为了从视觉上呼应扶手和座面的倾斜度而设计的。从侧面看向椅子时，可看到一条向后上升的线条。这样似乎可使整个椅子的形象看起来更为生动。想象一下多种组合，比如上面是水平的而下面是倾斜的，或者上下面都是水平的，我认为这种相呼应的平缓的倾斜最为和谐。

无论形状如何，部件和部件之间的间隙带来的视觉影响都很大，不仅对于椅子，放之万物皆如是。

[8] 前拉档、后拉档

为了降低成本
设计成不需要加工榫肩的圆棒形状

出于防止抵抗外力时容易弯曲的考虑，前拉档和后拉档都设计成圆棒正中附近逐渐变粗的形状。

中国椅（FH1783、PP66）的前后拉档都是板状的，圆形的截面椅腿和板状拉档连接时必须加工榫肩[1]部分。而改成圆棒状拉档后就不需要再对榫肩部分加工了，进而就能实现成本的降低。

拉档的连接部分使用专用的机器压缩，使得它可以正好插入榫孔内，其他的连接部分则使用专用机械压缩了榫头。

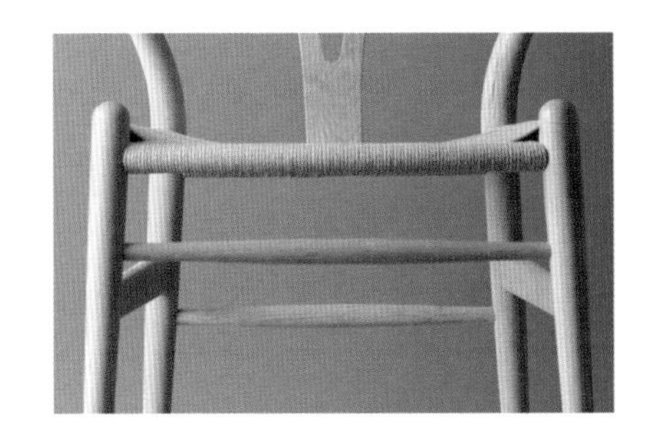

榫肩

*1 榫肩指的是榫头的底部，连接接合面的平面部分，右数第二根拉档顶端为压缩前的状态。

[9] 纸绳

原材料为瑞典针叶树，使用寿命为10~15年

从左起，非编织型的原色、黑色、白色纸绳。最右侧是编织型的原色纸绳。

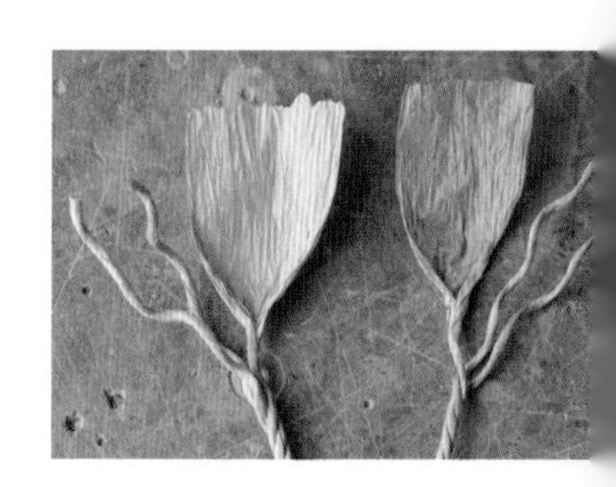

Y型椅的座面使用的是直径3mm的未编织型(unlace type)纸绳。将宽45mm左右的纸带搓成绳子后，三根并在一起再搓成一股表面平滑的纸绳[1]。其原材料是来自瑞典的针叶树。原色的纸绳看起来像是用再生纸做的，但实际上不是。再生纸的纤维短，不适合需要维持强度的座椅面料。

纸绳的安全数据表[2]上清楚记载了蜡的运用。可能是由于附着在表面的蜡的作用，新的纸绳能防水。不过随着使用时间变长，纸绳表面也会变得毛糙，进而丧失防水性能。毕竟是纸，这一点是不可避免的，不过使用寿命也有10~15年之久，和皮革及布匹等制成的座面相比也有至少同等甚至更长的使用耐久性。有一次，我在给使用了30年的Y型椅更换纸绳时检查了纸绳的强度，材料本身已经开始劣化了，当我抓起并用力扭曲的时候它就断了。虽然坐上去还不至于会断，不过30年恐怕也是一个极限了吧。

在英格兰和法国，有用蒲草或者海草编织的古董椅子[3]。编织方式和纸绳

---

*1 像麻绳那样表面有起伏的绳子被称作编织型(lace type)，在夏克椅上使用。

*2 关于化学物质的成分和使用说明等相关信息的表述文件。

*3 蒲草(rush)也可译作兰草，但实际上在编织椅子座面时使用的是蒲草和莞等天然材料。海草(seagrass)指的是海草干燥后的天然材料。

几乎一样，但因为是天然材料，所以粗细不固定，并且由于材料较短，必须要经常连接并重新搓在一起才能继续编织。这样的材料不适合制造工业产品。纸绳被广泛运用是因为它是可以简化座面编织的复杂工序，并且贴合时代设计的材料。

有力证据表明最早运用纸绳的椅子是克林特的教堂椅

最早使用纸绳的椅子是哪一把？根据不确定的说法，有可能是凯尔·克林特的教堂椅[4]率先使用的。因为战争等因素的影响导致物资不足，所以蒲草和海草这样的天然材料就不易获取。制作者尝试将以前在农活等工作中使用到的纸绳沿用到椅子座面编织时发现了它的优点，这就是后来一直使用纸绳的理由。其他使用了纸绳的椅子还有莫恩森的J39(夏克椅,1947年)、瓦格纳的孔雀椅（1947年）和J.L.Møllers[5]公司的椅子等，以丹麦制的椅子为主使用居多。

[10] 涂装（蜡、皂、油、漆）

每一种材料都有自己独特的涂装方式
上皂精加工不算涂装，而是保养

Y型椅发售时，涂装有蜡和漆两种。为了改善工厂操作工人的工作环境问题，从1995年开始，椅子的涂装方式从上蜡精加工改成了上皂精加工。上蜡

*4 教堂椅是克林特的父亲詹森·克林特为哥本哈根格伦特维教堂设计的椅子。1936年由弗里茨·汉森公司制造销售。据说这把椅子影响了瓦格纳的设计，莫恩森的夏克椅也继承了教堂椅的衣钵（参考第9页和第78页）。
*5 J.L.Møllers是成立于1944年的丹麦家具制造商。

精加工是指把巴西棕榈蜡、蜂蜡、石蜡等溶解到松节油中制成混合蜡，再用布蘸取一些蜡来擦拭椅子表面的做法。因为使用的溶剂可能会损害操作工人的健康，所以就改用上皂精加工替代。

上漆精加工现在仍然被采用。深色材料在上漆的同时往往也会使用上油涂装，近几年来还恢复了以前采用的熏制橡木加工方式。涂料会随着时代的更替和技术发展的进步而变化。现在，水溶性涂料也逐渐被用于汽车和木制家具的涂装。

上蜡精加工

上蜡是Y型椅在最初发售时就有的精加工方式，现在已不再使用（1995年改为上皂精加工，同年也开始采用上油精加工方式）。

这是一种在欧洲已经使用了很长时间的精加工方法，混合使用了蜂蜡、巴西棕榈蜡以及石蜡等。从保护木制部分的角度来看，效果并没有那么出色。

使用上蜡精加工制成的椅子，其表面损伤时很容易修补，只需要打磨抛光后涂上蜡即可。无论是普通木材还是熏制橡木均可上蜡。滴上水滴时虽然很容易弄脏，不过只需要打磨一下就可以去除污渍。

上皂精加工

由于日本人并不熟悉上皂精加工的方法，人们仍然还会对此工艺有误解和疑问。这是一种在丹麦非常普遍的加工方式，在一般的超市里很容易就可以买到一种被称为肥皂片的装在袋子里的片状肥皂。

不把上皂精加工看成是一种涂装方式，反而会比较容易理解。这种加工方法就是在木材上涂抹肥皂溶液，等干燥后打磨一下即可。虽然在卡尔·汉森父子公司采用之前，这种方法已经存在，不过在日本出售明确标明使用上皂精加工方式的产品的，我认为该公司是第一家。

当我听说他们要销售上皂精加工的椅子时，“肥皂？这种东西也可以用来涂装吗？”这样的疑问从我脑海里喷涌而出。我在图书馆查了很多资料，通过资料可以了解肥皂的制造方法，却找不到把肥皂用于木材的精加工方法。于是我就向当时的卡尔·汉森父子公司日本分公司的CEO（丹麦人）和丹麦总公司的总裁咨询了此事，并且在亲身实践后终于明白了，这并不是涂装方式的一种。

丹麦以往似乎就有用肥皂清洗地面和家具等的做法。如今，当我住在丹麦的朋友的家里时，清洁女工会使用肥皂洗木地板。将它当作维护的一环而不是涂装来考虑，会比较好理解。木头表面有了污渍，用肥皂就能洗干净。即使把带着污垢的肥皂溶液冲洗并擦拭掉之后，肥皂还是会留在木头里。这样重复几次后，肥皂会积聚在木材中，污垢就不容易渗入了。肥皂本身是表面活性剂，渗透性应该更好。相比脏了以后再用肥皂洗，不如一开始就使用肥皂。

不过，并不是什么肥皂都可以用于精加工的，使用不含香料的传统洗衣皂和洗碗皂更安全。如果肥皂里含有染料或者香料，在涂抹到白色的山毛榉上时就可能把颜色和气味等沾染上去。不过，这种情况对于对此不介意的人来说也就无妨了，对于木材来说更是没什么大问题。

在肥皂片包装袋上注明的在家具上使用时的注意事项。肥皂片用丹麦语写作“sæbespåner”，“Spånevask”则是商品名。此处文字意思是推荐用来清洁和维护未处理的木材，例如橡木和松木等，在10升水中放入200毫升即可。

另外，上皂精加工只适用于白色木材，对于胡桃木和樱桃木这样深色的木材就不适用了。虽然有人对此不介意，但是对于特地使用深色木材的Y型椅来说，这样加工后，泛白的程度就更明显了。

上油涂装

上油涂装和上漆涂装一般适用于深色材料，可以突显出木材颜色的鲜艳和光泽。上油涂装主要使用由亚麻籽制成的木材用干性油。涂装后，油和空气中的氧气反应会硬化干燥。然而，食用油这样不易干的油可能很久都不会干燥。当使用非木制品专用油涂装时，根据使用场景不同，可能导致发霉、污渍沾上衣物，或其他各种各样的问题，需要引起注意。

日本是世界上第一个在Y型椅的价格表上标注上油涂装条目的国家。1995年开始有了山毛榉木材和橡木材的上油涂装方式。这是日本方面向丹麦的工厂提出方案，并最终落实的。当时因为在山毛榉材料上使用上油涂装会形成湿色，破坏山毛榉本身的白色，所以工厂方面持反对意见。但是由于日本方面执意要用上油涂装的方式，发售时的销量也超过了上漆涂装款，工厂才同意了这个提案。那个时代关于环境问题的新闻时有报道，所以也是一个自然而然的结果吧。

熏制橡木

这是最初在1950年代左右用于橡木材料的染色方法。[1] 当时柚木材质的家具很流行，为了和柚木材料结合使用，就需要深色的材料。有时，熏制橡木也被称为Fumed oak[2]。在2011年，使用上油精加工的熏制橡木Y型椅开始发售了。

＊1 原本是指采用了这种染色方式的材料。

＊2 Fumed oak中的Fume本意为生气、恼火，在这里是烟熏的意思。

橡木材料中包含的大量单宁酸和氨气产生的化学反应会将橡木材料染成暗褐色。对于单宁酸含量较低的木材，需要预先往木材中添加单宁酸。染色方法是将未涂装的椅子密封，在一个有氨气的房间里放置几个小时。在大量生产时，需要使用能够产生氨气的设备。

由于熏制橡木是通过化学反应染色的，和染料及颜料系的染色剂涂料不一样，被染色的不仅是木材表面，也包括木材内部。正因如此，它具有在打磨修复伤痕时也不会掉色的优点。

染色强度和橡木材中的单宁酸含量及氨气熏蒸时长等条件有关。上油比较适合染色加工之后的精加工。需要注意的是，在使用上漆涂装时，一些涂料可能会和氨气产生化学反应，使得涂装无法硬化。氨气熏蒸之后的木材是没有氨气的气味的。

上漆涂装

在丹麦家具制造商的产品手册上往往可以看到上漆涂装条目。与日本所称的漆的含义不同，在丹麦，漆是对“可以被涂覆的涂料”的统称。而在日本所说的漆，通常指的是在家居建材商场可以买到的清漆（使用了丙烯树脂）。

在日本，“聚氨酯树脂涂装”是用于木材表面涂层的主流方式。然而在丹麦，“可酸固化的合成树脂涂装”更为常用。在我看来，这和日本的“氨基烷基树脂涂装”方式是相近的。

最近，Y型椅也有了不同颜色的系列产品，其中就有从最初发售Y型椅时瓦格纳选择的黑色和纯色（原木色）以外的颜色。如今，Y型椅有20多种颜色可选，例如浅绿色、橙红色和深蓝色等。这些颜色都采用了上漆涂装的方式。

[11] Y型椅所使用的木材

随着19世纪造林事业的进展，Y型椅也开始使用丹麦产的木材

Y型椅使用的木材全都源自阔叶树。除部分山毛榉、橡木和白蜡木外，全都是丹麦原产的。樱桃木、胡桃木为北美产。针叶树需要50~80年才可以长成能够使用的木材，相比之下山毛榉需要100~120年，橡木需要120~150年。

对于丹麦来说，森林的作用不只限于木材供应。丹麦的国土地势平坦堪比松饼，常年有风扫过，所以丹麦的森林还起到防风的作用，可以防止地表土壤被风吹走而陷入荒芜，从而保护农作物、保障居民的生活。

丹麦的森林在拿破仑战争时因为造船、建造建筑和制作燃料等用途几乎被砍伐殆尽。其后，丹麦在对普鲁士（现德国）和奥地利的战争中落败，不得不放弃南日德兰半岛。因此，丹麦的国土缩小到只有北日德兰半岛的荒地、西兰岛、菲英岛和其他岛屿。

在这种情况下，丹麦于1860年代后半期开始在北日德兰半岛的荒地上种植树木。[1]挪威冷杉适合于北日德兰半岛的荒地，因此被广泛种植。但是仅靠根系较浅的针叶树（如冷杉）森林不足以作为防风林，还必须增加阔叶林的面积。虽然丹麦的土壤不适宜阔叶树生长，不过经过土壤改良研究，人们开发出一种可以种植山毛榉和橡树等阔叶树的技术。此后，包含阔叶树的林木及山毛榉等木材被利用起来。

*1 关于这项造林事业，在《留给后世的最大的遗产：丹麦王国的故事》（内村鉴三著，岩波文库出版）一书中有详细描述。

Y型椅上使用的各种木材的特征

Y型椅在发售之初，大多是山毛榉和橡木材质的。2000年前后开始使用樱桃木和胡桃木，此外也有白蜡木材质的。枫木用过几年，不过现在已停产。即便是Y型椅的使用者，往往也不知道自己使用的椅子具体是什么材质的。通过观察木材的颜色和组织排列等特征，在一定程度上可以分辨出木材的种类。[2]

创造具有独特美感的椅子，窥一斑而知全豹

＊木材照片左侧为未涂装，右侧为上油涂装。

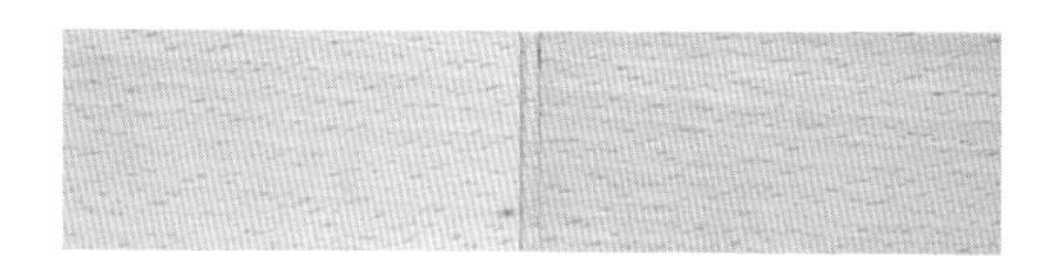

山毛榉

日本山毛榉的近亲，呈现略带红色的奶油色，是散孔材、高密度的木材。可见芝麻点放射状组织斑纹，弦切方向呈细长的点状，刻切方向呈细长的带状，随着时间推移会变成黄褐色。

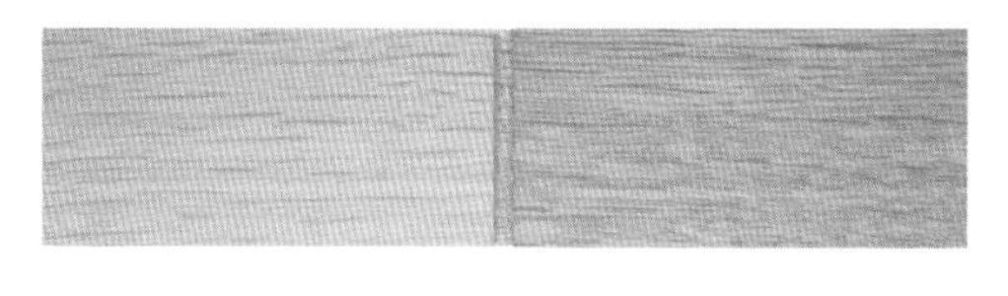

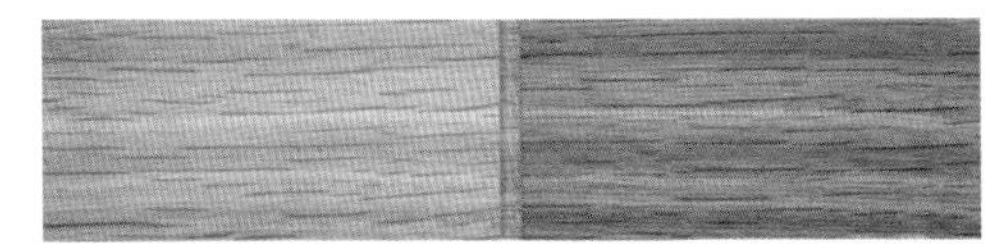

橡木

日本橡木的近亲，颜色范围大约是米色至微棕色，环孔材，木纹明显。其特征是带有明显的大型斑纹放射状组织，弦切方向可见深色线状纹理，刻切方向可见放射状组织的切面，因此显得更为膨大（虎斑），随着时间推移会变成深褐色。

＊上：橡木，下：熏制橡木。

＊2 下文简要解说木材说明中出现的专业用语。

导管：圆柱形细胞，沿轴向连接的组织，具有导水的作用。根据树木不同，年轮面的排列也不同。

散孔材：不论年份新老，导管都均匀分布，没有太大差别。

环孔材：年份老的部分，粗导管呈现环状排列的木材；年份新的部分，根据导管的排列还可以细分种类。

放射状组织：所有的树木都有，从中心向外呈现放射状延伸的组织，具有储存养分的作用。该组织的大小在很大程度上决定了材料的外观如何。

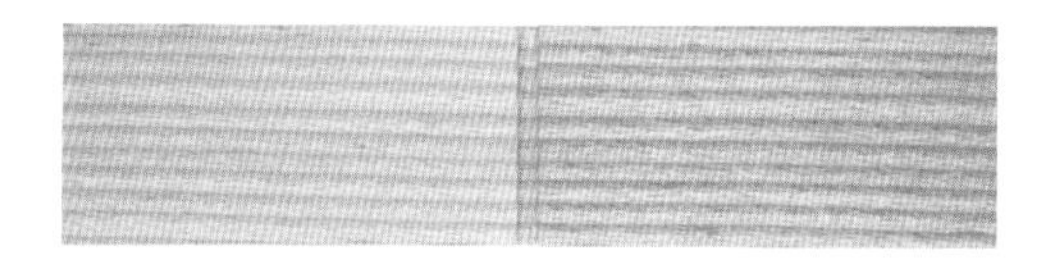

白蜡木

日本白蜡木[1]的近亲，白色中略带红色，环孔材，木纹清晰可见。由于放射状组织细小且难以看清，可以结合颜色来和橡木做差异判断，随着时间推移会变为灰褐色。

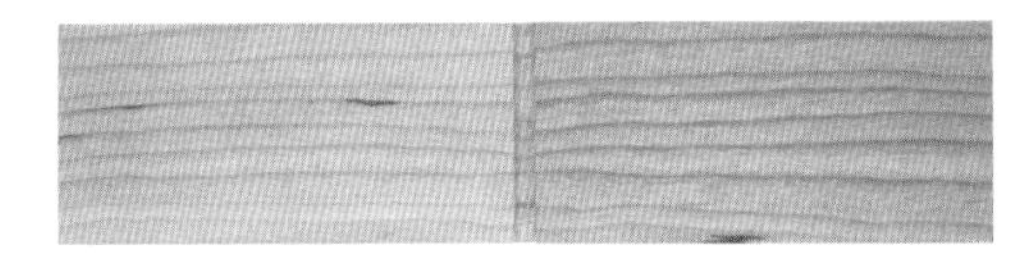

樱桃木

樱花树的近亲，呈偏红的茶色，散孔材，质地光滑且致密，随着时间推移会变为有光泽的红褐色。

* 1999年开始售卖。

胡桃木

核桃树的近亲，呈略带紫色的深棕色，散孔材，纹理较为清晰，作为散孔材导管比较大，看起来有些粗糙，随着时间推移会变为明快的茶褐色。

* 2006年开始售卖。

枫树

日本枫树的近亲，呈接近白色的奶油色，散孔材，木纹比较清晰，质地致密且平滑，随着时间推移会变为琥珀色。

* 目前枫木材质的Y型椅已停止生产。售卖时间段为2008—2013年。

---

*1 相比日本的木材，会形成接近于水曲柳的组织结构。

3 Y型椅整体的设计和结构特征

为了在第5章中详细描述三维商标的申请事宜，笔者（坂本）翻查了刊载有Y型椅相关文章的过往杂志（参考第188页）。一开始我以为要从大量的杂志中找出和Y型椅有关的文章是一项很艰巨的任务，不过实际上是杞人忧天。哪怕图片上只拍到了Y型椅的一部分，我也能立刻注意到。这是因为我在工作中每天都要看到十几把Y型椅，它的外形已经深深印入我的脑海中。不过我觉得还不只是这个原因。圆弧状的扶手、支撑着扶手的弯曲状、有着锥形末端的圆棒椅腿、Y字形的背板以及纸绳编织的座面，恐怕只要看到其中一部分，大多数人就知道这是Y型椅了吧。

不只限于Y型椅，我认为瓦格纳的椅子都有适应任何条件、任何空间的特点。正式、休闲、奢华、朴素，无论放在什么样的空间里都很贴切。为什么呢？因为它的外形成因能自圆其说，承重强度也很大，并且外形不为流行所左右。它不是徒有其表，而是经过了如何合理、自然且不浪费地制造的深思熟虑后才得以成型的。

也许人们可以设计出即使长期使用也不会损坏的椅子，可是长期使用后也不会腻烦的椅子就很难说了。在我看来，瓦格纳设计的椅子最了不起的地方，就是哪怕损坏了，也只需简单地修理一下就可以继续使用。

充分考虑结构需求的同时拥有简练外观的设计

在Y型椅的设计中，后腿的形状和扶手等优秀的地方有很多。如果要举例说明一个在结构和形态上都优异之处的，那我认为是侧拉档（连接前后腿的拉档）。后方比前方宽的拉档，为了拓宽承受更多力的后方连接面而施加了锥度。拉档的上表面看起来像是向后方上升的形态，这个倾斜设计与座面及扶手等处的倾斜相呼应，使得椅子看起来更为轻便。

如果侧拉档使用的是和前后拉档形状一样的圆棒的话，为了保证承重强度，一根不够，至少需要两根。使用板状的拉档不仅可以减少部件数量，还可以提升强度。那么如果此处的拉档没有锥度，而是用一块宽度一定的板材又会有怎样的结果呢？我觉得那样就不会再有轻快感，只会给人留下平凡的印象了。

通过改善结构，增加了可以适用的不同坐姿

基于中国椅设计的Y型椅，取消了支撑扶手的拱部设计，因而在座面前方留出了供落座人左右挪动腿部的空间。只看座面部分相当于实现了与无扶手的椅子相当的自由度。这样就可以以各种坐姿坐在椅子上，比如斜坐、屈膝坐、反坐，等等。

圆弧形的扶手可以支撑斜坐者的上半身，即使姿势歪斜也不影响舒适度。这

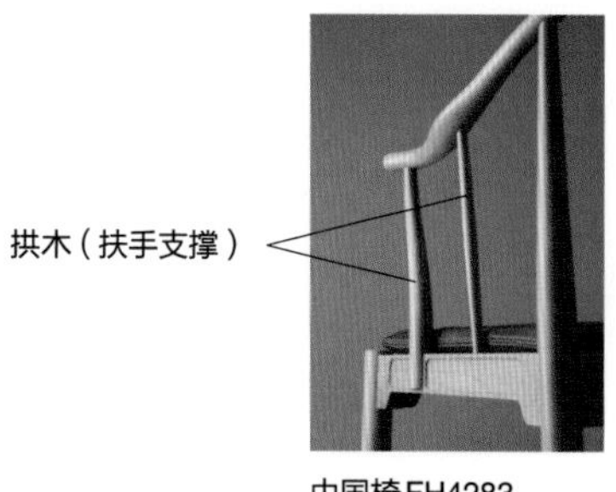

中国椅FH4283

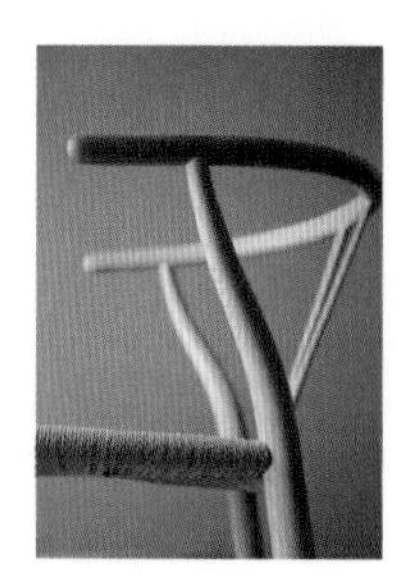

Y型椅

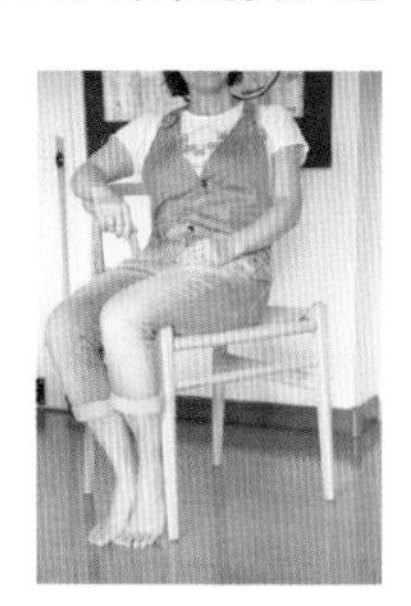

在Y型椅上可以斜坐

样它就可以像休闲椅一样使用，而不仅仅是作为餐椅了。普通日本住宅往往空间狭小，很难放下各种不同用途的椅子。而有了Y型椅后，人们在饭后也可在原地休闲放松。

尽力在结构上方便制作者

针对委托设计的制造商不同，瓦格纳会调整设计的风格。这里指的不单是外观上的风格不同，也包括根据工厂设备的生产能力在设计上做出相应的调整。

就卡尔·汉森父子公司来说，在制造瓦格纳的椅子前，该公司曾生产过弗里茨·亨宁森[1]设计的温莎椅（Windsor Chair）。温莎椅的椅腿和靠背棒等需要旋转切削后精加工。瓦格纳在工厂观察后，认为对于该公司来说使用旋转切削制造的方式应该是最适合的。Y型椅就是在旋转切削制造技术的驱使下被制造出来的。

此外，他还设计了像CH22、CH23、CH25、CH30这样用板材切割出部件制造的椅子。不过现在仍然还在制造的只有CH25（休闲椅）和CH22[2]（近期才开始复制）。

几十年间形状发生了若干变化 2003年开始走向回归

2003年，卡尔·汉森父子公司从欧登塞搬到了奥鲁普。扩建后的工厂配备了最新的设备，并且通过引入CNC迈向机械化。

＊1 弗里茨·亨宁森（Frits Henningsen，1889—1965年），哥本哈根家具匠人，也曾以家具设计师的身份大有作为。

＊2 CH22的餐椅款CH26也已经作为商品推向市场。

自1950年以来持续生产的几十年间，Y型椅的形态发生过若干变化。工厂方面解释说，借着工厂搬迁的机会，他们已经严格按照瓦格纳绘制的图纸还原了制造方式。

具体来说，是扶手从倾斜改成了稍显平缓的设计变更。从结果来看，2003年以后生产的Y型椅，其高度变成了74 cm。此前的产品（至少1990年代以后的椅子）是73 cm，有1 cm的差异。De-sign株式会社[1]的商品手册上记载的是实际高度73 cm。不过在2003年以前，卡尔·汉森父子公司的总公司的商品手册上就已记载着74 cm（原图纸尺寸），应该就是这个扶手设计的缘故。

此外还有若干差异。比如椅腿的顶端（接触地面的部分）从接近球形的圆形改成了接地表面的边缘略有倒角的平面形状，稍显不同。此外同期（2003年）面向欧美市场的Y型椅座高改为76 cm，似乎是因为欧美市场一直有座面太低的意见反馈，于是就出现了椅腿增高2 cm的款式。因此，那时有下列两种Y型椅同时在生产：

* 面向日本市场（原尺寸）：高74 cm，座高43 cm。

* 面向欧美市场：高76 cm，座高45 cm。

2016年开始将座高统一为45 cm

面向欧美市场的高出2 cm的Y型椅面世之时，丹麦总公司表示，希望把面向日本市场的产品也统一到这个规格。虽说日本人的体格相比以往已壮硕了一些，但是就面向普通家庭大量出售的Y型椅来说，座椅太高依然会有不便。虽说是免费的，但是不少购买了Y型椅的消费者提出“椅腿太高了，希望可以削短”的期望，也希望继续生产面向日本市场的原始尺寸（高74 cm，座高

*1 1990年设立的卡尔·汉森父子公司日本分公司。详情可参考第122页。

*2 2016年开始统一到欧美尺寸（高：76cm，座高；45cm）后，卡尔·汉森父子公司出售的桌子的高度从70cm变为72cm。加5 000日元就可以订购原始尺寸的Y型椅（因为是定做商品，交付需要一定时间）。

43 cm）的款式。于是仅仅在日本，瓦格纳设计时（1949 年）的原始尺寸的款式依然在售。然而从 2016 年开始，还是统一成了欧美尺寸的款式（高 76 cm，座高 45 cm）[2]。

涉及此类更改的所有工作均已得到瓦格纳事务所的批准。

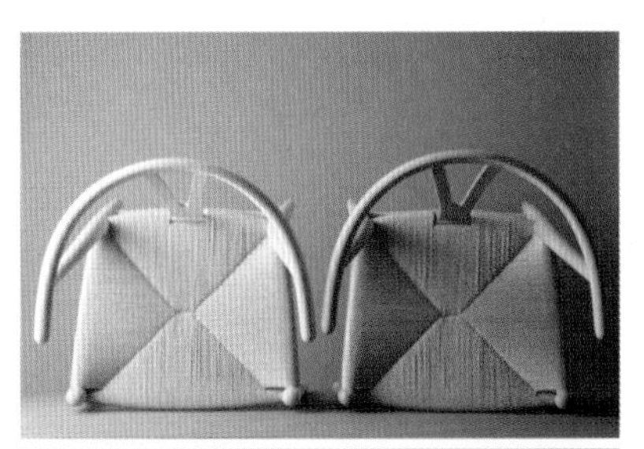

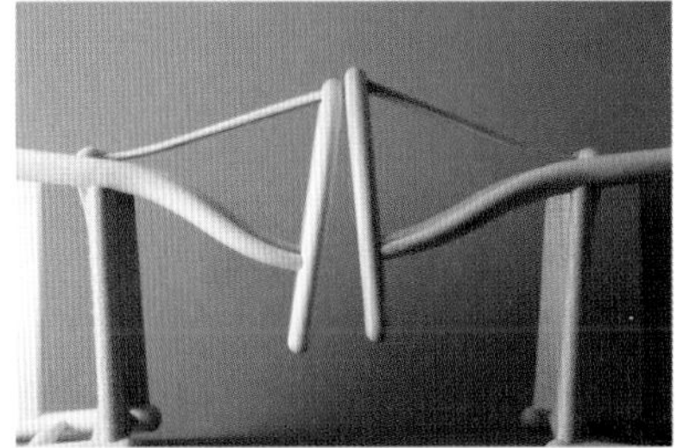

左边和远处：2008年版本的Y型椅。右边和近处：1999年版本的Y型椅，扶手倾斜角度有差异。

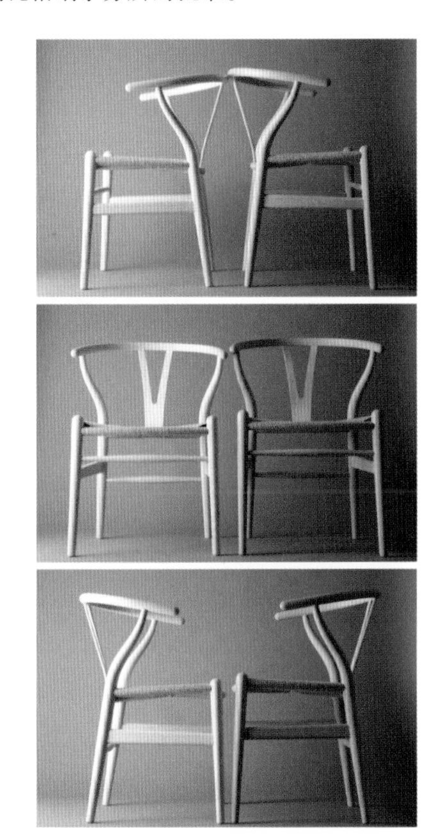

左：座高43cm的型号，右：座高45cm的型号。

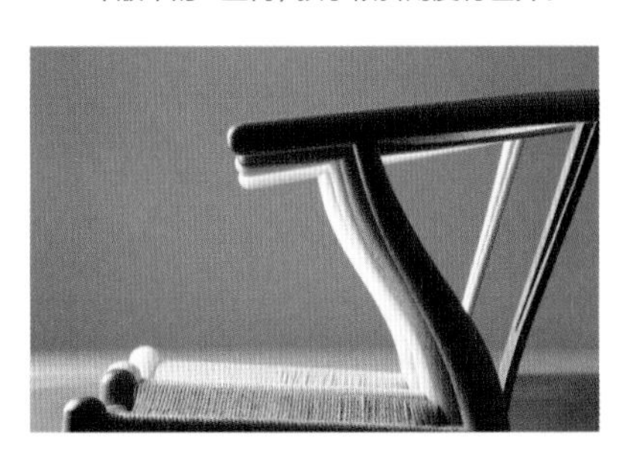

近处：1950年代制造的Y型椅。远处：2008年版本的Y型椅。两者的形状基本相同。

Y型椅和桌子的高度

Y型椅是否能收入桌下？

我有位朋友在使用了Y型椅20余年后，已经无法想象没有Y型椅的生活了。不过这位朋友还是对Y型椅有两点略微不满意的地方。

其一是Y型椅没法收入桌子下面；另一点是裸体落座（出浴后）时，臀部会留下纸绳编织的印痕。虽然对于后者的不满可以说是调皮可爱的，但有很多人对于前者也感同身受。

就座高43cm款式的Y型椅来说，扶手前端附近的高度大约是69cm。家庭用桌的高度一般是70cm。桌板的厚度为2～3cm的话，桌子和地板的接触面到桌板下侧的高度就是67～68cm。因此Y型椅的扶手前端会碰到桌板，无法收入桌下。在面积不大的房间里摆放Y型椅时，如果不能收入桌子下面就会徒增逼仄感。关于这一点，一些家具商店给客人的解释我也略有耳闻。我觉得最佳答案来自哥本哈根的家具店店员："不用的时候也能观赏Y型椅漂亮的外形，对吧。扶手的美妙曲线也可使它成为室内装潢的一个加分项哟。"原来如此，还有这样的思考方式呢。真可以说是了不得的销售话术。

最近，我有一位刚开始使用座高45cm款式的Y型椅的熟人，为了配合椅子高度，购买了高75cm的桌子，桌板厚2.5cm，桌板下侧有72.5cm高，座高45cm的Y型椅的扶手前端高度约71cm，椅子正好可以收入桌子下方。如果把扶手搁在桌子上面还可以在椅腿和地面之间留出空间方便打扫。不过Y型椅的扶手并不是设计用于搁在桌板上的，不建议这样使用。

把Y型椅搁在高75cm的桌子上，椅腿就腾空了。不过要注意，这样摆放的话扶手容易松动。

座高45cm款式的Y型椅和高75cm的桌子。

座高43cm型号的Y型椅和高70cm的桌子。

右页左下为1999年制造的Y型椅，依次向上分别是2016年制造（座高45cm）、1959年制造、1991年制造、2008年制造的Y型椅。除了2016年制造的Y型椅外，其他年份的Y型椅座高均为43cm。

第3章

Y 型椅诞生的秘密

从丹麦家具、制造公司的历史和
瓦格纳的生平等一窥 Y 型椅诞生的背景和流行趋势

Y型椅设计于1949年，但它并不是突然被创造出来的。可以说，这把名椅是基于丹麦的风土以及手工艺品和家具制造的传统而诞生的。在本章中，我们将从瓦格纳与制造公司的相遇和Y型椅发布后的销售活动来介绍Y型椅诞生和流行于世的过程。

1940年代开始
家具杰作频出而备受好评的丹麦设计

丹麦的工艺品使用了各种各样的素材，比如木头、玻璃、金属、陶器等，有一些甚至作为日用品已经连续生产了60年以上。特别是家具的设计，在世界范围内产生了很大影响，这种影响力对日本也是不可估量的。

不过这些丹麦设计，特别是家具，直到20世纪初对海外的影响还没有那么大，反倒受到不少来自海外的影响，比如法国文艺复兴时期和巴洛克时期的风格，以及英国乔治亚风格等。普罗大众使用的家具是在欧洲随处可见的原始质朴的风格。其中，有些款式的座面不是板材，而是用蒲草编织而成的。

北欧的设计于1920年代开始引起人们的关注，尤其是丹麦设计，在1940年代以后越来越受好评。这可能与丹麦的风土人情、自古以来制作家具和木工艺品的基础以及设计师和匠人人才的培养等因素有关吧。

丹麦农户使用的椅子。

从丹麦设计诞生的背景中传承下来的精神和传统

在丹麦，现代设计孕育出高品质家具的背景中有几个重要因素。

首先要说的是精神上的富裕。早先，丹麦没有肥沃的土地，资源也稀少，人们过着朴素的生活。相比物质上的富裕，他们更倾向于追求精神上的富裕。平民不追求华美的装饰，而是更喜欢简洁实用的东西。

在技术方面，丹麦自古以来就有利用身边的材料、通过自己的双手去创造手工艺品的传统。这一点有助于在制造家具的过程中融入机器批量生产所没有的手工艺的部分。此外还有自古以来由协会认证的家具工匠的技术和知识水平以及大师制度的作用。像是瓦格纳这样持有大师资格的丹麦设计师相当多。丹麦的现代设计并非来自工业化的批量生产，而是诞生自工匠的高超技术。

还有一点不可忽略，和上文提到的内容也有一些关联，那就是设计师和工匠的职位是具有同等地位的。在生产现场，双方可以在互相交流的同时开展工作。这样做可建立信任关系，并能创作出好的作品。从1927年开始持续了约40年的哥本哈根匠师展上，设计师和制造商（工匠）共同展示他们雄心勃勃的作品，从而加深两者之间的默契，进而提高合作水平。

长期以来在人才培养上投入的精力

丹麦在教育和培养上投注的热情不容忽视。与所有北欧国家一样，丹麦

为木材切削加工操作使用到的工作台。

物质资源贫乏且人口稀少，为了有效利用人口资源，人才的培养至关重要。不仅是一般教育，丹麦在工匠和设计师的培养方面也很积极。我们可以追溯到18世纪中期设立的艺术学院（Academy of Art）[1]中的讲习。1770年开始，该学院为学生和学徒工匠开设了制图法的课程，在评估学习成果后会授予认证。[2]制图技术对工匠和艺术家来说举足轻重。1777年，丹麦又设立了皇家家具商会。[3]在材料和图纸方面斡旋，对于家具业界发挥了领导性的作用。1924年，皇家艺术学院建筑系又开设了家具相关的课程，由凯尔·克林特执教。从那时开始，丹麦培养了大量活跃于家具设计界的人才。

哥本哈根匠师展（旧哥本哈根家具工业公会）[4]也很重要。它创立于1554年，历史悠久。加盟公会的制造者可以在这里销售家具。他们开设的第二家商店于1780年开店，不过最早的商店在1833年关闭了。据说另一处也于1851年关闭，不过公会一直到1927年被换成举办展览的场地之前还在继续展示和销售家具，并在此期间不断努力提升展品的品质和制造技术。

2 卡尔·汉森公司的成立和年轻时的瓦格纳

卡尔·汉森在哥本哈根创办家具工作室

下面将会以制造Y型椅的卡尔·汉森父子公司与汉斯·瓦格纳的相遇，以及海外销售活动为线索介绍丹麦家具设计的近代史。[5]

*1 现在的丹麦皇家美术学院（英语：Royal Danish Academy of Fine Arts，丹麦语：Det Kongelige Danske Kunstakademi）。

*2 在为纪念哥本哈根匠师展40周年而出版的《工艺为我们指明道路》（*Håndværket viser vejen*）一书中记载为1771年。在《当代丹麦家具设计》（*Contemporary Danish Furniture Design*）一书中记载为1770年。

*3 丹麦语为Det Kongelige Meubel Magazin（英语：The Royal Furniture Depot）。该组织一直持续到1815年，受到经济下滑的影响而解散。

*4 英文为“Copenhagen Cabinet makers'Guild”。

*5 关于卡尔·汉森父子公司的历史，可参考为纪念公司成立100周年而于2008年出版的公司史《卡尔·汉森父子公司百年工艺史》（*Carl Hansen & Son 100 Years of Craftsmanship*）一书。1942年，卡尔·汉森公司改名为“卡尔·汉森父子公司”。

作为卡尔·汉森父子公司前身的卡尔·汉森公司创立于1908年，正值欧洲流行的新艺术运动即将消亡的时候。此时，皇家哥本哈根的瓷盘也开始销售了。在邻近的德国，前一年就成立了德意志制造联盟。在美国，福特T型车发售了，在日本则正是日俄战争结束3年后。

创始人卡尔·汉森[1]在欧登塞[2]投入家具工匠门下，在取得工匠资格（大师）后的两年间游走于哥本哈根的多家家具工作室。其后回到欧登塞，在家具工作室工作了一段时间后独立出来，从独自经营一家家具工作室起步。

当初，椅子和桌子等家具都是先有订单再手工制造的。不过在卡尔·汉森创办工作室的一开始，似乎就以引入机器制造量产家具为目标。卡尔·汉森这种富有远见的思考方式也和其后Y型椅的制造关系密切。

瓦格纳出生于第一次世界大战开战前不久

汉斯·瓦格纳于1914年4月2日出生在位于日德兰半岛南部靠近德国边境的小镇岑讷（Tønder）。[3]其父彼得作为工匠在镇上一个叫斯梅德加德的地方经营一个制鞋工作室。因为附近还有其他的工匠，所以瓦格纳经常会拿一些木料来玩。瓦格纳年幼的时候就是耳濡目染着工匠的工作成长起来的。14岁的瓦格纳师从家具工匠H.F.斯塔尔伯格，其工作室也在瓦格纳居住的小镇上。瓦格纳17岁时取得木工大师资格，以家具工匠的身份一直学习到18岁。他对于这段时间的生活回忆道："当我还是一个学徒时，我经常遗憾当日的工作时间已经结束了，会迫不及待地期待第二天早晨的来临，以继续投入工作中。"[4]

我猜，他应该一直梦想有一个属于自己的工作室吧。

＊1 卡尔·汉森（Carl Hansen，1881—1959），卡尔·汉森父子公司现任CEO克努·埃里克·汉森（Knud Erik Hansen，2002年担任CEO）的祖父。

＊2 欧登塞，丹麦第三大城市，位于菲英岛中部。童话作家安徒生便诞生于此。

＊3 瓦格纳的出生地现在仍被完好地保留在市中心。瓦格纳于1995年捐赠的37把椅子正在岑讷的艺术博物馆内展出（位于与主体建筑相连的水塔翻新而成的建筑内）。从哥本哈根坐列车换乘巴士到岑讷耗时约4小时。

＊4 出自亨利克·斯滕·莫勒所著的《变化的主题：汉斯·瓦格纳的家具》（*Tema med variationer: Hans Wegner's møbler*）。

涌现大量杰出家具的哥本哈根匠师展的举办

瓦格纳出生后数月，第一次世界大战爆发了。战争给丹麦国内的经济发展带来了莫大的影响，特别是向德国等国家的粮食出口业务得到极大的发展。卡尔·汉森也搭上了这趟顺风车，工厂规模在1918年扩大到15名员工的程度。

但是在战争经济中获得丰厚收益的公司，在战后不得不谋求新的方向。由于第一次世界大战的赔偿问题，德国货币汇率暴跌，丹麦克朗汇率飙升。其结果是来自德国等国家的廉价量产家具涌入丹麦，给丹麦国内的家具制造业带来压力。当时，丹麦的家具制造商之间在暗地里流传着一个业界共识，那就是除了定制产品之外不向消费者零售产品，而是通过家具零售商出售。一些制造商明知会承受零售商店和业界的强烈反对，还是打破了这样的共识，向消费者直接出售产品。

瓦格纳的出生地。

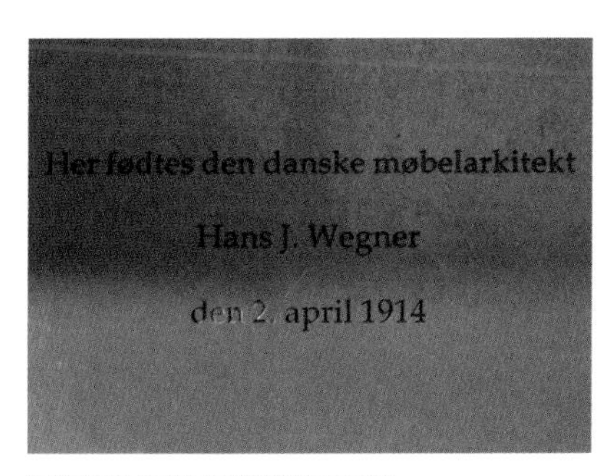

瓦格纳出生地屋子外墙的展示板。

岑讷的博物馆。在供水塔改造成的建筑中展示着瓦格纳的椅子。

从供水塔上方眺望岑讷的街道。

在这种情况下，感受到危机的哥本哈根匠师展于1927年开始举办，作为启蒙活动试图向普通消费者介绍自己国家的家具。其后，公会以哥本哈根匠师展之名[1]持续举办到1966年。这个展览会上诞生了诸多著名的椅子作品，给丹麦的家具历史留下了浓重的一笔。

1933年展览开始改为竞赛的形式，被选中的设计由制造商制造并展示。此后，设计师和制造商之间也开始了全新的合作。

克林特的人体工学研究是丹麦家具设计的基础

自1920年代初起，丹麦克朗的汇率飞涨，导致廉价进口家具大量涌入。但是与此同时，人们也可以低廉的价格买到如桃花心木和柚木等进口材料。1924年，卡尔·汉森为了扩大市场，聘请销售代表帕尔·尼尔森负责在哥本哈根的销售业务。最终，作为当时的主要商品的卧室家具在哥本哈根的市场上实现了相当不错的销售业绩。

同年，丹麦皇家艺术学院[2]建筑系开设了家具课程，由凯尔·克林特担任教授。在有关家具、物品与人之间的比例关系的人体工学研究方面，克林特与勒·柯布西耶[3]虽然是相通的，不过据说前者的研究更早一些。此外，克林特还致力于传统的古典风格的研究。其父詹森·克林特是建筑师，教导他“古典之中蕴含着现代”，学习古典十分重要。不过他在学习的过程中没有照搬古典风格，而是以现代化的形式为基础融入功能性和简洁性。在表现出古典风格中的普遍美感和优点的同时，又向新的设计风格迈进了一步。

＊1 原名写作Copenhagen Cabinetmakers' Guild Exhibitions（Københavns Snedkerlaugs møbeludstillinger）。

＊2 丹麦语写作Det Kongelige Danske Kunstakademi。

＊3 勒·柯布西耶（Le Corbusier，1887—1965），虽然是建筑家，但是也设计了很多椅子。与夏洛特·佩里昂以及皮埃尔·让纳雷合作设计的躺椅（Chaise Longue LC4）等椅子作品颇为有名。

这些成就奠定了丹麦家具设计的基础，并为后世的设计师和创作者所继承。瓦格纳没有就读过皇家艺术学院，所以没有接受过克林特的直接指导，但他却扎实地继承了克林特的思考方式。最好的例子就是受到中国明代椅子的影响而诞生的Y型椅了。

1929年受到纽约华尔街股价暴跌的影响，丹麦的失业率逐渐上升，消费也下降了。1933年，卡尔·汉森以制造高品质的量产家具为目标，在欧登塞的科奇加德大道建设了一处新工厂，同汉斯·瓦格纳的合作也是从这个工厂开始的，不过在这之后尚需时日。

北欧现代设计开始引起关注

1931年基于凯·玻约森[4]的提案，诞生了一个名为“永久”（Den Permanente）的组织，担负起收集和销售丹麦工艺品的设计中心的角色，实现了丹麦向国内外广泛推广和销售本土设计的目标。

次年，在哥本哈根的丹麦工艺博物馆举办了一场以英国生活用品为主题的展览会。由建筑家斯滕·艾勒·拉斯穆森[5]立项，展示了实用的英国生活用品和手工艺品。

这些活动背后的想法可以追溯到1917年，当时瑞典手工艺品协会举办了“家庭展览”[1]（适用于小型住宅的家具展示会）以展示其成就。这次展览的目的是表明，当前需要廉价且更有趣味的、适合大规模生产的工人阶级使用的日常必需品，并展出了成本合理且具有简单实用设计的家具、纺织品、墙纸、

＊4 凯·玻约森（Kay Bojesen，1886—1958），丹麦产品设计师。由他设计的刀具和餐具等如今依然颇受欢迎。

＊5 斯滕·艾勒·拉斯穆森（Steen Eiler Rasmussen，1898—1990），丹麦建筑家、城市规划家。著作有《城市和建筑》（*Towns and Building*）等。

瓷器和厨房用品。

此后，瑞典手工艺协会主席格里戈尔·保罗森于1919年发表了题为《美好的日常》（*Vackrare Vardagsvara*）的论文，成为北欧设计的规范。1968年在澳大利亚巡回展览的“DESIGN IN SCANDINAVIA”（北欧设计）的图册中，解说为“More beautiful articles for every day use”，意为制作并使用让生活更美好的日用品。这也成为其后北欧设计共同的口号。

据说北欧设计首次被世界关注，是在1925年的巴黎世博会上展出玻璃制品时。此后“为普通消费者提供更好的生活用品”的运动兴起。从那时起，高级的工艺品和每天都要使用的精致的日常用品得以同时生产。1930年，在建筑家埃里克·冈纳·阿斯普伦德[2]规划的斯德哥尔摩博览会上，展示了“学习过去并改变它以适应现代生活”的北欧功能主义，与包豪斯“抛弃过去构建新世界”的功能主义划出了清晰的界限。

卡尔·汉森公司生产缝纫机外箱和温莎椅等

卡尔·汉森因为全球危机和新工厂的搬迁等原因，于1934年患病，次子霍格·汉森[3]参与到经营中来。他以进入海外市场为目的，参加了腓特烈西亚的贸易展览会，并逐渐增加了对瑞典的出口产品数量。

笔者（坂本）曾经问过卡尔·汉森父子公司的前任CEO乔根·格纳·汉森[4]以前制造过什么东西，他回答说制造过缝纫机外箱等。当时我就想，他们制造

---

*1 原文为Home Exhibition，在位于斯德哥尔摩的动物园岛上的丽列瓦茨美术馆开展。来源：基思·M.墨菲（Keith M.Murphy）所著的《瑞典设计：一部民族志》（Swedish Design: An Ethnography）一书。

*2 埃里克·冈纳·阿斯普伦德（Erik Gunnar Asplund，1885—1940），瑞典建筑家。建筑设计的代表作有林地公墓（世界文化遗产）、斯德哥尔摩公共图书馆等。他还设计了“哥德堡”“塞纳躺椅”等杰出的椅子。

*3 霍格·汉森（Holger Hansen，1911—1962），卡尔·汉森父子公司的第二任CEO（在任时间：1947—1962）。拥有家具工匠的大师资格认证，曾通过销售委托瓦格纳设计的家具壮大了公司。因心脏病发作去世，享年50岁。

的品类还真多啊。关于这件事情在《卡尔·汉森父子公司百年工艺史》中有如下描述：

卡尔·汉森公司在这个时期作为一年要生产300万台缝纫机的辛格（Singer）公司的分包公司之一，投入了缝纫机外箱的生产。

我相信很多人都曾见过由模压胶合板制造的带有外箱的古董缝纫机，此处说的就是这个外箱。如果只是对某种程度上已模制的部件再加工的话，不需要大规模的设备投资，也不需要变更生产线。生产这种缝纫机外箱成了全球恐慌时期让公司得以幸存的另一个重要支柱。

1939年，德国入侵波兰，第二次世界大战爆发。次年丹麦被德国占领，商品和材料不再能自由流通。不过这并没有给丹麦的家具产业带来冲击，许多制造商制造了廉价的家具出口到德国。我想这是因为德国当时以军需品产业为先，导致生活用品的产量不足。丹麦的家具出口量相比战前大幅增加了。对于被占领后向占领一方的德国出口获利的方式，当时的丹麦人也许抱着复杂的心情吧。而卡尔·汉森公司则是在占领中选择不去赚这笔钱的公司之一。因此当丹麦从德国的占领中解放出来，对战后重建的需求扩大时，它能够以“公正企业”的身份进入公共项目，因此而获益。

战争期间的供应短缺对座面和坐垫材料的流通带来了很大的影响。当然卡尔·汉森公司的重要产品——寝室家具的制造也受此波及。因此公司决定制造不需要坐垫的温莎椅[5]，设计师是弗里茨·亨宁森。他参加了第一届哥本哈根匠师展，是被誉为丹麦家具业界中心人物的家具工匠。

卡尔·汉森公司制造的温莎椅CH18。

＊4 乔根·格纳·汉森（Jørgen Gerner Hansen），卡尔·汉森的孙子，第二任CEO霍格的长子，现任CEO克努·埃里克·汉森的兄长，担任CEO的时间为1988—2002年。

＊5 CH18是温莎椅的一种，一直保持生产直到2003年。

使用纸绳编织座面的椅子登场了

1936年，凯尔·克林特设计的教堂椅的座面最初是由海草编织而成的。由于战争中物资不足，海草变得难以获取。我猜这把椅子可能是第一把使用纸绳替代海草的商品。在Y型椅（CH24）被设计出来之前，使用纸绳的椅子有1944年瓦格纳为F.D.B[1]（丹麦生活合作社）设计的摇椅（J16）、1947年伯厄·莫恩森[2]为F.D.B设计的夏克椅（J39），以及瓦格纳发表于同年的孔雀椅等。

F.D.B于1942年设立了家具部门，任命莫恩森为设计负责人。克林特主导的研究实际测试了住宅、家具和家庭用品的实用性功能和大小，以及收纳家具的适当大小等方面。这些研究被F.D.B运用于家具制造，便于以低廉的价格向国民提供兼具功能性和美观的生活用品。

克林特设计的教堂椅。

＊1 F.D.B的正式名称是Fællesforeningen for Danmarks Brugsforeninger（Møbler）。

＊2 伯厄·莫恩森（Børge Mogensen，1914—1972），家具设计师，瓦格纳的好友。代表作品有夏克椅、西班牙椅等。

瓦格纳设计的摇椅（J16）。

莫恩森设计的夏克椅（J39）。

卡尔·汉森公司改名
成为量产家具制造商

1943年，卡尔·汉森的次子霍格正式成为卡尔·汉森公司合伙人，公司名也改为卡尔·汉森父子公司。因为在战争时期出售家具变得很困难，所以温莎椅当时也可以不成套地单把出售。公司从落后时代的卧室家具制造公司摇身一变成为量产家具制造商。

战后经济逐渐好转，卡尔·汉森父子公司得以参与到学校的椅子制造等公共事业中，还和合作公司安德烈亚斯·塔克公司[3]一起聘用了埃文德·科尔德·克里斯滕森。他在家具装饰方面有丰富的经验，既有家具方面的详细知识，又能洞悉家具行业的发展前景，能够应对战后发生巨大变化的社会条件和市场变化。

---

*3 英文名为Andreas Tuck A/S，成立于1902年，当时是欧登塞的锯木厂。自1942年以来一直与卡尔·汉森父子公司保持合作关系，是共同销售瓦格纳家具的项目SALESCO的成员。

学生时期的瓦格纳初次亮相展览

在第二次世界大战爆发4年前的1935年，瓦格纳前往哥本哈根服兵役。在参观了哥本哈根匠师展之后，瓦格纳意识到必须提高自己的技能才能成为工匠大师。服完兵役后，他于1936年在丹麦技术研究所学习了两个半月的家具制作课程。[1]

此后，他在哥本哈根工艺美术学校[2]接受家具设计师的教育。在这所学校，他遇到了毕生好友伯厄·莫恩森。1938年提交休学申请后，瓦格纳就再没回来，一直在阿尔内·雅各布森[3]和埃里克·莫勒[4]的设计事务所工作到1943年，并曾在此为奥胡斯市政厅设计办公家具。

1938年瓦格纳在工艺美术学校学习时，初次参加了哥本哈根匠师展。他设计了桃花心木制的休闲椅和缝纫桌以及橡木制的餐桌和餐椅（椅子的制造者是奥弗·兰德）；次年，在P. 尼尔森[5]的工作室设计餐桌和餐椅。他在前年的设计的基础上做了修改，去掉了拉档，最终完成了外观更为现代化的餐椅设计。

1941年和1942年，瓦格纳带着他设计的起居室家具同约翰尼斯·汉森公司一同赴哥本哈根匠师展。此后在1943年和1944年和该公司两度合作并赴展，设计了书房家具和瓦格纳自己亲手完成细部雕刻工作的胶片文档柜（译者注：以前保存出版物等文档用的微缩胶片的柜子）。彼时（1943年），瓦格纳在奥胡斯市内开设了事务所。

同时，瓦格纳还受弗里茨·汉森公司的委托设计家具。该公司因为战争没

＊1 根据文献资料记载，瓦格纳在丹麦技术研究所（Danish Technological Institute）学习了3个月。

＊2 学校原名为The School of Arts and Crafts in Copenhagen:Kunsthåndværkerskolen。

＊3 阿尔内·雅各布森（Arne Jacobsen，1902—1971），丹麦建筑家，家具设计师。椅子设计代表作有七号椅系列、蚂蚁椅、蛋椅、天鹅椅等。其设计作品多使用金属、合成树脂等材料。

＊4 埃里克·莫勒（Erik Møller，1909—2002），丹麦建筑家。

＊5 P. 尼尔森（P. Nielsen），1928年开始参加哥本哈根匠师展的家具制造商。同年制作了克林特设计的家具。

法继续进口以前经营的德国和奥地利的现代家具。另外，制作DAN椅（公司原创商品）上的曲木所需的长木材也难以获得。因此，该公司考虑制造不需要使用长木材料，并且轻便、可模式化的家具。于是，他们在材料方面选择了丹麦的木材，希望制作给人以丹麦风格印象的家具。最终瓦格纳从中国明代的椅子“圈椅”中获得灵感，为该公司设计了4把椅子（均为中国椅）。这也和后来的Y型椅休戚相关。

“椅”椅等名作椅子诞生自哥本哈根匠师展时

此后，瓦格纳继续赴哥本哈根匠师展参展。1945年应N. C. 克里斯托弗森（N. C. Christoffersen）工作室的要求，和好友莫恩森一同设计了一套餐桌和带衣架的棚子等并放置在由三间相连的屋子构成的空间里。

1945年后，他继续和约翰尼斯·汉森公司一同参展。1945年展出的是起居室的家具；1946年是和莫恩森一同设计的餐厅家具；1947年是孔雀椅（Peacock Chair）；1948年是起居室家具；1949年是藤编的休闲椅（“椅”椅）和藤编的折叠休闲椅，以及模压胶合板休闲椅；1950年是皮革圆椅（“椅”椅）、桌子、躺椅等，阵容丰富，甚至还包括现在仍在销售的杰出椅子。

从1938年首次参展以来，除了1940年以外，瓦格纳每年都会赴哥本哈根匠师展参展，直到1966年展会停办。

年轻时拿着孔雀椅的瓦格纳。

3 Y型椅的诞生和销售活动

瓦格纳和卡尔·汉森父子公司的相遇

卡尔·汉森父子公司在第二次世界大战后一直在探索家具设计和扩大销售的方式。大约在那个时期，销售代表埃文德·科尔德·克里斯滕森注意到了频繁在哥本哈根匠师展获奖的瓦格纳。[1]1949年，科尔德被两年前就任CEO的霍格·汉森叫到哥本哈根，在N. C. 克里斯托弗森的家具店看到了瓦格纳的椅子。[2]霍格虽然不太了解瓦格纳这个人，不过在看到了展出的诸多高品质椅子后感受到了瓦格纳的潜力。于是霍格和科尔德决定委托瓦格纳设计家具，其后科尔德就联系了瓦格纳。

1949年6月，瓦格纳造访了欧登塞的卡尔·汉森父子公司和安德烈亚斯·塔克公司，参观了工厂生产设施并会见了一线工匠。瓦格纳对这两家公司第一印象不错，受到委托之后，以使用机器量产为目标，为卡尔·汉森父子公司设计了4把椅子和1个橱柜，为安德烈亚斯·塔克公司设计了4张桌子。[3]在他设计出来的4把椅子中，有一把便继承了中国明代圈椅的风格，后来被称为"Y型椅"的椅子。

Y型椅终于投入生产，并制订了新的销售策略

瓦格纳设计的特点就是依照制造商和企业的方针去做设计。比如约翰尼

---

* 1 瓦格纳虽然为家具业界所知，但当时还比较普通，并不是很出名。

* 2 此处的描述基于卡尔·汉森父子公司的公司史《卡尔·汉森父子公司百年工艺史》一书。在《ELLE DECOR日本版》第144期（Hearst女性画报社，2016.6）中，记载了第二任CEO霍格·汉森的话："1947年我去了哥本哈根，遇到了当时活跃在约翰尼斯·汉森公司的瓦格纳，各方面都意气相投。"

* 3 实际上，当时瓦格纳为卡尔·汉森父子公司设计了5把椅子，但是那时只有4把被推向市场。第5把椅子CH26（CH22的餐椅版）直到2016年才推向市场。

斯·汉森公司的产品需要呈现手工加工的雕刻设计，为Getama公司[4]设计的带靠垫的沙发床和沙发等家具上采用了简约的设计，为卡尔·汉森父子公司则是采用了可以用车床加工的圆棒架构的设计，为安德烈亚斯·塔克公司采用了使用金属材料的桌子类设计。虽说看起来都是木工设计，不过也需要适用于不同加工方法和产量的机械设备，因此如果是只能适用于某个工厂的设计形式，势必会影响到制造成本。现在，主流方式是使用CNC以实现各种加工工作。不过在1950年代，工厂根据其拥有的设备而存在很大的差异，这也体现出了各制造商的特征。

不过即便瓦格纳以适合工厂设备的方式进行设计，对于他新设计的实验性家具的制造，卡尔·汉森父子公司还是颇费心思。瓦格纳作为家具工匠大师也会造访欧登塞的工厂，住在其CEO的家里，同时和一线工匠一起制造实验性作品。不过，对于瓦格纳崭新的设计，卡尔·汉森父子公司中也有人不太感冒。

在瓦格纳为卡尔·汉森父子公司设计的家具中，有休闲椅CH22、CH25，餐椅CH23、CH24（Y型椅）[5]和橱柜CH304[6]，其中4把椅子都是纸绳编织的款式。由于工厂员工里有制造篮子的工匠，座面编织的工作也得以顺利完成，1950年开始投入生产。只不过，当初Y型椅的后腿和扶手的弯曲加工都是外包给分包商完成的。1951年，瓦格纳还完成了CH25使用藤编座面的款式CH27的设计。此后，霍格和科尔德计划将成品家具作为瓦格纳品牌的系列出售。

左侧的椅子是1950年左右刚发售时制造的Y型椅（CH24）。照片拍摄于1993年前后的De-sign株式会社的展示会。

＊4 Getama公司是成立于1899年的丹麦家具制造商。有着海草床垫的沙发床和沙发是其特色产品，也曾制造和销售了几种瓦格纳设计的沙发。

＊5 Y型椅这个名称是在之后流行的，当时作为商品被统称为CH24。发售时只有这个编号而没有其他叫法，详情可参考第96页。

＊6 有关CH22、CH23、CH25的外形，请参考第87页的广告照片。

卡尔·汉森父子公司赌上其命运的瓦格纳新系列

卡尔·汉森父子公司专注于瓦格纳的新系列家具。一方面使得工厂的生产体制能够适应瓦格纳的新系列设计，一方面CEO霍格又对工匠提出了自觉对品质负责的要求，把销售方式的重点放在家具零售商的展览和交易会上。如后文将详细描述的，1951年成立了一个包括卡尔·汉森父子公司在内的5家公司共同销售瓦格纳家具的名为“SALESCO”的项目，专注于瓦格纳家具的销售。在20世纪50年代过半时，瓦格纳已成为一个很有前途的设计师。

卡尔·汉森父子公司此时也开始积极在杂志上刊登广告以吸引个人客户，此举颇具有划时代的意义。杂志和广告的效果逐渐表现出来，可以看到普通顾客在家具店里点名要购买某个制造商或设计师的家具。不过在发售之初，消费者对于Y型椅的反应还有些迟钝。

Y型椅发售之初未在杂志上刊登广告
销量不佳

丹麦的室内装潢杂志《建筑和生活》[1]于1950年的冬季刊上刊登了卡尔·汉森父子公司的广告。刊登的商品是休闲椅CH25，而不是CH24（Y型椅）。

此外，《建筑和生活》1951年冬季刊《丹麦家具》（*DANSK MØBELKUNST*）专刊上以最新家具的名义刊登了CH23、CH25、CH304等相关的文章。同杂志也刊登了ØNSKEBO[2]和卡尔·汉森父子公司的广告，不过两边介绍的都是椅子CH27。位于哥本哈根的ØNSKEBO和“永久”同样是销售最新款丹麦家具的零

＊1《建筑和生活》（*BYGGE OG BO*）于1931年创刊，是丹麦的室内装潢杂志。杂志名直译是《建筑和生活》。卡尔·汉森父子公司经常在杂志封底刊登带有大幅家具照片的广告。

＊2 位于哥本哈根的诺雷沃尔德18号（Nørrevold 18）。

售店，最早出售卡尔·汉森父子公司生产的瓦格纳家具的就是这家店。

瓦格纳为安德烈亚斯·塔克设计的桌子同样刊登在《建筑和生活》上。文章中提到了AT 305（带抽屉的办公桌），ØNSKEBO的广告中同时刊登了AT 33（缝纫桌）和CH 27。不过CH 24未曾在任何地方被介绍过，商品编号也未曾出现在该期刊中。作者（坂本）听闻卡尔·汉森父子公司的前任CEO（乔根·格纳·汉森）说过下面的话：

Y型椅最初卖得不好，甚至被评价是一把怪异的椅子。

现在和当初的感受应该迥然不同了吧。确实，Y型椅并不是一开始就受欢迎的。2014年在哥本哈根的设计博物馆（Designmuseum Danmark）[3]开展的“瓦格纳：一把好椅子”（WEGNER just one good chair）[4]展览的图册上也记载着：Y型椅发售之初没什么人气，没有多少家具店积极出售Y型椅。

不过《建筑和生活》1952年春季刊以《MODERNE BYGGE-MØBLER》（直译为“现代的建筑家具”）为标题，在两页的文章中和Ry Møbler的收纳系统一起介绍了Y型椅，并且在同期的ØNSKEBO和卡尔·汉森父子公司的广告中刊载了Y型椅。ØNSKEBO的广告中采用了安德烈亚斯·塔克公司的桌子和4把Y型椅组成一套的照片；卡尔·汉森父子公司的广告中则介绍了同时期发售的CH 22、CH 23和CH 25等作品。此外，《建筑和生活》1953年春季刊的封底上还单独刊登了Y型椅的广告。自此，Y型椅就开始广为人知了。

---

*3 旧工艺博物馆（Kunstindustrimuseet）。“丹麦”一词在丹麦语中写作Danmark，在英语中写作Denmark。

*4 与展览同名的书籍《瓦格纳：一把好椅子》（克里斯琴·霍姆施泰特·奥利森著，2014）。

《建筑和生活》1951年冬季刊的封面，卡尔·汉森父子公司的广告（中下）、ØNSKEBO的广告（右下）。椅子型号CH27。在ØNSKEBO的广告中，和CH27一同刊载的是安德烈亚斯·塔克公司的AT33缝纫柜。

《建筑和生活》1950年冬季刊上刊载的卡尔·汉森父子公司的广告。在刚发售的四把椅子中，只有CH25被选中而刊载了照片。CH24（Y型椅）在发售时未在杂志广告上刊载任何照片。

《建筑和生活》1952年春季刊上，Y型椅和Ry Møbler的收纳系统被一同刊载。

《建筑和生活》1952年春季刊的ØNSKEBO的广告（上）。

《建筑和生活》1953年春季刊的封底广告。

《建筑和生活》1952年春季刊的封底刊载的卡尔·汉森父子公司的广告。左上角是CH24（Y型椅）。顺时针方向分别是CH23、CH22、CH27、CH25。

丹麦家具在美国越来越受欢迎

美国杂志《室内装潢》（*Interiors*）的1950年2月刊上刊登了一期题为《丹麦家具》（“Danish furniture”）的专题文章，介绍了瓦格纳的椅子，以及伯厄·莫恩森、雅各布·凯尔[1]、伊布·科福德·拉森[2]、芬恩·朱尔的家具。其中，瓦格纳的椅子PP 550（孔雀椅）、三重贝壳椅（三个贝壳的贝壳椅）、JH 501（“椅”椅），每一把都有一页篇幅的介绍，相关照片是在1949年哥本哈根匠师展参展时所摄的。以这篇文章为契机，丹麦家具在美国点燃了流行的星星之火。

《室内装潢》杂志1950年2月刊的封面（左上）和《丹麦家具》的专题文章。

＊1 雅各布·凯尔（Jacob Kjær，1896—1957），丹麦家具设计师、家具工匠。代表作品有FN椅子。

＊2 伊布·科福德·拉森（Ib Kofod-Larsen，1921—2003），丹麦家具设计师。代表作品有伊丽莎白椅（1956年，由克里斯滕森公司和拉森公司推出）。

＊3 萨科（Zacho）公司的创始人阿克塞尔·萨科（Axel Zacho）是来自丹麦的移民，1955年去世后，其创立的商店于1962年关闭。

＊4 塔皮奥·维尔卡拉（Tapio Wirkkala，1915—1985），芬兰设计师。设计作品有伊塔拉公司（iittala）的眼镜、玻璃餐具、家具、照明设施等，涉及领域广泛。

1952年，霍格和摩恩·塔克（安德烈亚斯·塔克公司的第二任CEO），前往美国试图开拓北美市场。卡尔·汉森父子公司和安德烈亚斯·塔克公司最终和萨科公司[3]签订了合同。

瓦格纳于1951年和塔皮奥·维尔卡拉[4]一同获得了伦宁奖。这个奖项是北欧设计奖，由来自丹麦在纽约经营乔治·杰生公司的弗雷德里克·伦宁[5]设立。其子贾斯特·伦宁在1954年至1957年间是北美巡回展示会“北欧设计展”（Design in Scandinavia）的主办成员。这个展示会确立了北欧设计在北美的地位。

在《室内装潢》1954年5月刊上，埃德加·考夫曼二世撰写了介绍该展览的《北欧设计在美国》（*SCANDINAVIA DESIGN IN THE U.S.A*）一文，还以《优质的椅子》（*Excellent chairs*）为题，介绍了此次展览所展示的家具、玻璃制品、陶瓷制品和木工制品等，特别是在家具方面对椅子称赞了一番，描述如下所示：“布鲁诺·马特松[6]、瓦格纳和朱尔，每一位都为我们贡献了不同形式的椅子，大大丰富了美国家庭的生活。”

瓦格纳和卡尔·汉森父子公司一起声名远扬

很遗憾，北欧设计展的图册上没有刊载Y型椅的照片。不过在参展商列表中，瓦格纳作为卡尔·汉森父子公司的设计师和公司名列在了一起。[7]这次展览上虽然没有指定展出的椅子，不过瓦格纳的名字因和卡尔·汉森父子公司的名字联系在一起而为世人所知。此外，瓦格纳的名字也作为约翰尼斯·汉森公司的设计师被刊载在参展者名单中。

＊5 弗雷德里克·伦宁（Frederik Lunning）经营的公司位于纽约第五大道。虽然名为乔治·杰生公司（GEORG JENSEN INC,），但是和位于丹麦的乔治·杰生公司是不同的公司。1952年，弗雷德里克亡故，其子贾斯特·伦宁继承了家业。

＊6 布鲁诺·马特松（Bruno Mathsson，1907—1988），瑞典代表性家具设计师。

＊7 名为“北欧设计展”的展览于1968年在澳大利亚以和北美相同的巡回展览形式举办。此次展览的参展名单上虽然有瓦格纳的名字，但是没有卡尔·汉森父子公司的名字。制造并销售瓦格纳的“椅”椅和孔雀椅等作品的约翰尼斯·汉森公司在美国的销售合同是和伦宁经营的乔治·杰生公司签订的。

以这次展览的成功为契机，丹麦、瑞典、挪威、芬兰四国成立了“北欧设计纵队”（Scandinavian Design Cavalcade）组织，把各国的店铺、工厂、美术馆等聚集起来举办展览会。此外，为了实现一次走遍各国展览，每年9月，四个国家都会同时开办展览会。为了展示这四个北欧国家的设计特色，他们还把各国国旗的颜色汇总起来画了四匹马及同心圆，并制成了海报。

Y型椅的照片出现在设计杂志的封面上

《室内装潢》1953年10月刊上刊登了一张雷蒙·勒维[1]设计的由玻璃和陶瓷构成的展览室的照片。照片里，雷蒙·勒维设计的桌子和几把被称为“瓦格纳椅子”的Y型椅一起被摆在了展览室里。此外在《室内装潢》1954年12月

《家具》（*mobilia*）[2]第12期的封面。

《家具》第24期的封面和“DANSK MØBLER”的文章。

《家具》第65期（1960年12月刊）上刊载的关于Y型椅的文章和照片。同期其他页上还刊载了以同样的构图拍摄的索耐特（Thonet）的椅子的照片。

刊上，刊载了题为《汉斯·瓦格纳：这一章节的4个北欧人里只有瓦格纳是从工匠起步的》（“HANS WEGNER: of 4 Scandinavian in this section, only Wegner began as a craftsman”）的6页篇幅的专题文章，以在美国最著名的椅子设计师的名义介绍了瓦格纳，可惜并没有关于Y型椅的内容。

在1955年《家具》第12期上，Y型椅被用在了封面上。这其实是卡尔·汉森父子公司的广告。1956年《家具》第24期的封面也是Y型椅，在该杂志的文章“DANSKE MØBLER”中做了如下介绍：

在瓦格纳设计的椅子中，这可能是最著名的一把，同时也是令丹麦家具享誉世界的椅子。

发售6年之后，Y型椅在丹麦国内外已经享有较高的评价。即便在刚发售时不怎么受欢迎，但随着瓦格纳的名声传播开来，Y型椅也广为人知。对于卡尔·汉森父子公司来说，这是一个非常好的时机。在那之后，就由瓦格纳代替芬恩·朱尔承担起向世界传播丹麦家具的责任。

5家公司联合成立SALESCO公司，共同销售瓦格纳的作品

话题回到之前，从1950年开始，卡尔·汉森父子公司把可以通过机器加工量产的瓦格纳设计的椅子和安德烈亚斯·塔克公司生产的瓦格纳设计的桌子类家具合并在一起销售。1951年，又有3家公司加入进来，作为销售瓦格纳家具的项目设立了“SALESCO”。AP Stolen、Getama公司、安德烈亚斯·塔克公司、卡尔·汉森父子公司、Ry Møbler，5家公司共同开始了瓦格纳家具的销售活动。此时，SALESCO还未完成公司化，成员公司的责任划分如下：

- AP Stolen：带靠垫的休闲椅
- Getama公司：沙发和沙发床
- 安德烈亚斯·塔克公司：桌子
- 卡尔·汉森父子公司：餐椅、休闲椅
- Ry Møbler：收纳架

＊1 雷蒙·勒维（Raymond Loewy，1893—1986），生于巴黎，活跃在美国的工业设计师。曾设计了日本著名香烟Peace（和平）的包装。

＊2《家具》是1955年创刊的设计杂志（1984年停刊）。卡尔·汉森父子公司从第一期开始就在其封面刊登广告。第一期的广告是早年设计的CH30。

为了让室内装潢更为和谐，它们提出了把瓦格纳设计的多个家具成套出售的方案，这样更具有统一感。此外，各制造商划分责任后制造各自擅长的领域内不同种类的家具，提高了效率。这样虽然会埋没各制造商的名号，不过他们当时优先全面推广瓦格纳的名号。

翻阅当时的商品手册，瓦格纳会在SALESCO的标记边上签上自己设计的“WEGNER MØBLER”的字样，并在下方记载瓦格纳的名字和各家公司的名字。

5家公司通过SALESCO销售，不过广告是各自分开的，这样就不会埋没各家公司。查看日本的旧杂志，能看到公司名写成SALESCO，或者错写为弗里茨·汉森公司。1957年，SALESCO公司的中心人物科尔德为了销售波尔·克耶霍姆的家具离开了SALESCO。其后5家公司的代表分别担任高级职员成立了SALESCO股份有限公司。

在SALESCO最鼎盛的1959年，卡尔·汉森离开了人世，于是曾经担任卡

《家具》第30期（1958年1月）上刊载的SALESCO的广告。

SALESCO的宣传小册子上介绍的Y型椅。

尔·汉森父子公司合伙人的次子霍格作为CEO承担了所有经营方面的责任。可惜在1962年，霍格因为心脏病发作也与世长辞了。

霍格去世后，卡尔·汉森父子公司也转化为股份制公司，曾经担任经理的朱尔·尼高[1]就任董事长。霍格的妻子艾拉·汉森继承了丈夫的工作担任董事。卡尔·汉森父子公司摆脱了危机，销量也不断增长。当时一半的销售额是出口收益，其中Y型椅的比例有所增加。

丹麦家具制造商和设计师组成团体进入海外市场

1964年出版的《设计期刊》（*Design Journal*，日本纺织设计中心）有一篇题为《丹麦设计中心的诞生》的文章（转载《纽约时报》文章）。丹麦的制造商团队在丹麦政府的支持下，在美国的皇后区（原文如此，但正确的表述应该是纽约州）的长岛开设了丹麦设计中心。虽然不知道有哪些制造商参与了进来，不过他们通过在北美开设共同销售点储存了家具、照明器具、纺织品、地毯等产品，建立了收到订单就可以快速交付的机制。

此外，设计中心还有专业技术人员负责维修事宜，目的在于向北美市场展现自己从出售到维护的一条龙服务。据报道，进入美国市场的原因是丹麦当时（1960年代）尚未加入欧共体（EC）[2]，很难进入欧洲市场。

在《家具》1969年5月刊上，刊登了一篇题为《丹麦设计合作社》（“Danish Design Collaborative”）的文章，介绍了在纽约起步的旨在促进在美销售高品质的丹麦现代家具的项目。该项目由Interior Designs Export A/S公司的丹麦人代表斯文·沃勒姆规划，在波士顿的CI Design公司（出售面向图书馆和学校的家具）

＊1 朱尔·尼高（Jul Nygaard）担任卡尔·汉森父子公司CEO的时期是1962—1988年。

＊2 丹麦于1973年加入欧共体，1993年加入欧盟。

的协助下成立。为推广丹麦的家具，他们不止面向普通顾客，也面向从事公共建筑设计和普通住宅设计的设计师以及设计事务所等。该系列包括芬恩·朱尔、雅各布·凯尔、伯恩特·彼得森[1]、埃内尔·拉森[2]等著名设计师设计的新款和经典款家具。

就这样，当时丹麦的家具制造商和设计师组成团体进入了海外市场。这些活动得到了民营企业和丹麦政府的大力支持。

1965年，贝拉会议中心在哥本哈根的凯斯楚普机场附近落成时，腓特烈西亚贸易博览会搬到此处举办，会场上摆着许多Y型椅。同时，陷入低迷的哥本哈根匠师展也在1966年落下了帷幕。

1960年代后半期，Y型椅的年销量达到了令CEO震惊的1500把

在1960年代后半期，世界设计趋势改变，市场也逐渐转向了意大利等国的设计，SALESCO的销售业绩开始下滑。

1968年，纽约的乔治·杰生公司试图进入美国的合同市场[3]，却惨遭失败。高额的经费直接反映在产品价格上，这也是其失败的原因。这时候贾斯特·伦宁已经去世了(1965年去世)，伦宁家族把公司卖给了罗斯柴尔德家族，乔治·杰生的家具零售部门也被关闭了。此前，SALESCO与该公司在美国拥有销售权协议，因此就失去了丹麦家具向美国市场流通的分销渠道。

由于预测到SALESCO不能继续带来收益，Getama公司于1969年退出项目。Getama公司在SALESCO设立之初就维持着自己独自的销售网络，并因为瓦格

---

*1 伯恩特·彼得森(Bernt Petersen，1937—)，丹麦家具设计师。为De-sign株式会社和卡尔·汉森父子公司设计共用标。

*2 埃内尔·拉森(Ejner Larsen，1917—1987)，丹麦家具设计师。曾在皇家艺术学院家具系学习，毕业后留校任教。代表作品有都市椅(Metropolitan Chair)。

*3 "合同市场"一词中，原文的Contract原本的意思是合同、委托承包等。在家具业界指按合同出售的家具，用于公共设施和民间商业设施等。

纳设计的学生寝室家具（比如躺椅等）和瓦格纳保持着合作关系。在Getama公司退出之后，瓦格纳仍和SALESCO保持着友好关系。不过由于SALESCO新任CEO的战略方针和经营上的问题，瓦格纳最终也退出了。之后数年，SALESCO实质上都是处于关闭状态的。[4]

那时候（1960年代后半期至1970年代初），Y型椅一年可以售出1 200～1 500把。即便是卡尔·汉森父子公司的CEO尼高也惊讶得不敢置信。

进入1970年代，对Y型椅来说，日本市场变得重要了

1988年，卡尔·汉森父子公司的CEO尼高病故，卡尔·汉森的孙子乔根·格纳·汉森就任CEO。他持有家具工匠认证（大师），1973年为继承家业而进入卡尔·汉森父子公司工作，与前任CEO尼高共事了15年之久。

Y型椅在1980年代继续畅销，但一直存在一个问题，就是交货需要一定的时间。由于生产线效率不高，卡尔·汉森父子公司注入了新的资金，购买了加工效率更高的机器来提高产量。进入1990年代，公司实现了Y型椅年销量1万把以上的产量。[5]

丹麦的家具出口额从1979年1 800万丹麦克朗（约合1663.2万元人民币，按照2022年8月丹麦克朗兑人民币汇率计算，后同）达到了1989年7 600万丹麦克朗[6]（约合7021.6万元人民币），10年间增长到约为原来的4倍。对于丹麦的企业来说，出口是非常重要的。自1970年代以来，由于Y型椅的销量在日本市场日渐增高，日本市场对卡尔·汉森父子公司来说也变得重要了。

＊4 SALESCO最初是通过组织变更和引入新设计师重新启动业务的，不过还是在1980年代后半叶解散了。

＊5 1996年1月出版的《室内》杂志第493期刊载了时任卡尔 · 汉森父子公司CEO的乔根 · 格纳 · 汉森的采访文章（采访于1995年11月）。对于采访者的提问“请问Y型椅一年能制作多少把呢？”，CEO回答说“1.2万～1.3万把”，之后的对话中又提到了“对日本出口了1.3万把中的大约4 000把，所以日本是最大出口国”。

＊6 来源：《当代丹麦家具设计》（*Contemporary Danish Furniture Design*）

Y型椅的名称

到底是由谁、
在什么时候决定的？

CH24，这是Y型椅的制造公司卡尔·汉森父子公司编排的产品编号。事实上，CH24才是正式名称，“Y型椅”和“叉骨椅”都不是瓦格纳起的名字。这是由谁在后来叫起来的通俗叫法？似乎是因为背板形状呈现Y字形，所以人们就以其外观称它为“Y型椅”和“叉骨椅”。

叉骨指的是鸟类的锁骨。有一种占卜方式是这样的：在吃完禽类动物之后，两个人分别拿着锁骨的两端，一边祈愿一边拉断锁骨，这时候拿着较大骨头的人祈愿的事情就会实现，所以才称之为wishbone（“wish”有“祈愿”的意思）。因为锁骨的形状和CH24背板相似，所以CH24主要在美国等国家被称为“叉骨椅”。

在丹麦，和日本，这把被称为“叉骨椅”的椅子通常作为“Y型椅”为人所知。在丹麦，正确的写法应该是Y-stolen。“stolen”是椅子的复数形式（单数为“stol”）。

在丹麦用来识别家具的通常是制造商名字的首字母和设计师名字的首字母，加上家具的编号形成商品编号。举例来说，CH24就是“卡尔·汉森公司的第24把椅子”的意思。约翰尼斯·汉森公司的产品就是“JH”后面加上编号，PP家具公司的产品就是“PP”后面加上编号。弗里茨·汉森（Fritz Hansen）公司的阿尔内·雅各布森的椅子虽然是在公司名的首字母“FH”后面加上编号，不过波尔·克耶霍姆的作品却使用了个人名字的首字母（例如PK22）。[1]

瓦格纳对于自己设计的家具偏好使用编号而不是用通俗叫法来称呼。笔者（坂本）有幸于1995年造访了位于根措夫特的瓦格纳宅邸。时任De-sign株式会社CEO的尼尔斯·休伯事先告知，“最好用CH24的叫法，而不是Y型椅”。瓦格纳也不是根据孔雀的形象设计“孔雀椅”的，当然也不是根据牛角的形状设计了“公牛椅”和“牛角椅”。我想对于设计师而言，自己设计的椅子被那样称呼，感想也是很复杂的吧。“椅”椅[2]，“椅子中的椅子”这种对椅子的称呼对设计师来说是最高的荣誉，但是对于曾经说过“完美的椅子是不存在的，什么样的椅子都有改善的余地”的瓦格纳来说，也许并不会感到愉悦。

不过，在这本书中请允许我以更为亲切的通俗叫法称呼椅子。使用制造商的编号读起来总有种距离感。使用通俗叫法有一个好处，就是可以让人在脑海中浮现出椅子的外形。

那么CH24是从什么时候开始被称作“Y型椅”和“叉骨椅”的呢？总体来说由谁开始的已经无法考证了。在1950年代到1960年代初期的设计杂志上刊登的Y型椅的文章和广告中都是用商品编号和作者名表述的。丹麦的杂志用了“STOLNR.24”（椅子24号） 和“Tegnet af arkitekt Hans Wegner”（建筑师汉斯·瓦格纳的设计）的描述，美国杂志《室内装潢》中用“Wegner chair”（瓦格纳椅）来称呼。一直到1965年，在丹麦出版的《丹麦家具艺术家瓦格纳》（*WEGNER en dansk møbelkunster*，约翰·莫勒·尼尔森著）中，终于可以看到“Y-stolen”的表述了。

在日本的杂志上首次刊载Y型椅照片的是《new interior新室内》（1958年5月刊），不过没有记载椅子的名称。1961年6月出版的《室内》杂志中，在“丹麦家具专题”上刊载的Y型椅的照片，其说明标为“V型椅”。这到底是当时就这么叫的，还是编辑看到了椅子后把感想写下来的，又或者只是笔者的笔误呢？真相已经不得而知了。写下专题文章的岛崎信是武藏野美术大学名誉教授（执笔时刚从待了两年的丹麦回日本不久），我曾向他考证过这个问题，不过对方回答说已经记不清了。确切来说，1950年代后半期的丹麦是没有“Y型椅”或者“叉骨椅”的叫法的。

回顾过往杂志，可以看到进入1980年代之后，“Y型椅”的称呼就被定下来了。如今在日本，除了一部分与家具及设计等相关的人士称其为CH24或者叉骨椅之外，大部分人都对Y型椅这个名称更熟悉。

Y型椅在杂志和图书等刊载时使用的名称

海外

- 1952年春季刊《建筑和生活》中ØNSKEBO的广告：Tegnet af arkitekt Hans Wegner（意为“建筑家汉斯·瓦格纳的设计”）
- 1953年春季刊《建筑和生活》封底卡尔·汉森父子公司广告：STOLNR.24
- 1953年10月《室内装潢》：Wegner chair
- 1955年12月《家具》No.12封面卡尔·汉森父子公司的广告:STOLNR.24 TEGNET AF ARKITEKT HANS J. WEGNER
- 1956年12月《家具》No.24封面卡尔·汉森父子公司广告：STOLNR.24 TEGNET AF ARKITEKT HANS J. WEGNER
- 1960年12月《家具》No.65：Wegner chair
- 1962年11月《家具》No.88：没有特别标注
- 1965年《丹麦家具艺术家瓦格纳》：Y-stolen
- 1990年 *Contemporary Danish Furniture Design*：Y chair
- 1994年 *HANS WEGNER on Design*：Y-stolen/The Wishbone Chair

日本

- 1958年5月《new interior新室内》：没有特别标注
- 1960年2月《new interior新室内》：没有特别标注
- 1961年6月《室内》：V型椅
- 1962年3月《工艺新闻》：扶手椅
- 1964年3月《日本室内装潢》No.12：decorative chair（装饰椅）
- 1964年《北欧设计》：背板呈Y字形切割
- 1966年12月《室内》：没有特别标注
- 1969年5月《室内》家具全书：V型椅
- 1969年9月《室内》：没有特别标注
- 1973年4月《室内》：椅子24
- 1973年5月《室内》：装饰椅（原文为：decorative chair）
- 1975年2月《当代起居》：没有特别标注
- 1979年《生活设计》“世界上的椅子”：叉骨椅
- 1980年《当代起居》“现代家具和室内装潢”：曲木椅子
- 1980年9月《当代起居》No.8：V型椅
- 1981年10月 *SD*：Y Chair
- 1981年《当代起居》：CH24、Y型椅
- 1982年 *nob* No.34：Y型椅

*1 克耶霍姆的椅子原本也由埃文德·科尔德·克里斯滕森公司发布。

*2 “椅”椅（The Chair）的名称由组织“永久”的职员命名。

第4章

在日本的声誉如何?

Y型椅在日本的流行和变迁

Y型椅于1950年推出，但是被引入日本据说是1960年前后。让我们通过海外设计在二战后传入日本的历史，看一下Y型椅在日本是如何走向流行的。

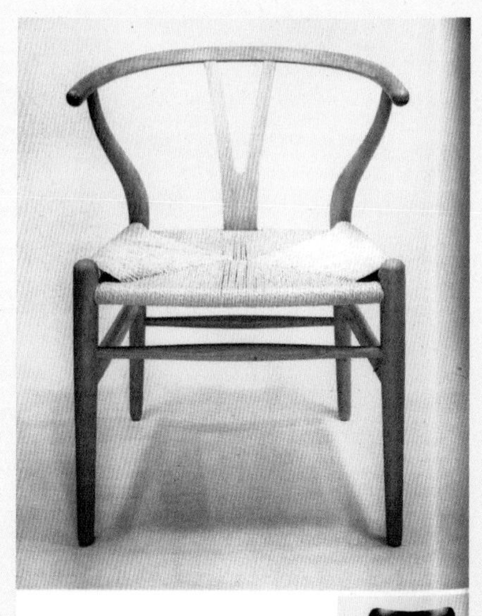

前ページ上　Vチェアー
設計／ハンス・ヴェグナー
製作／カール・ハンセン・アンド・ソン社
中国のオリジナルで、一九五〇年作。ナラ材
使用、座は紙ヒモを編んだもの。邦貨で五〇
〇〇円ぐらい。

特集
デンマーク家具

（左）《室内》杂志1961年6月刊“丹麦的家具”专题的卷首页上刊载了Y型椅。

（上）下一页的照片说明中，椅子的名称写作“V型椅”。

1 二战后流入日本的世界各地的设计

形成接受北欧设计和家具的土壤

Y型椅被引入日本差不多是在1960年，此后在1970年代、1980年代通过杂志上的介绍和百货商店的展示等逐渐为人所知。进入1990年代后，伴随卡尔·汉森父子日本公司的前身De-sign株式会社成立，Y型椅也迅速流行起来。

不仅是Y型椅，北欧家具似乎整体上都符合日本人的口味。许多作品是用木头制成的，并且保留了工艺品的要素。这是因为日本和北欧都有手工艺和木工工艺的传统，可以产生共情。

在这种共情的基础上，二战后世界范围内的设计和家具等就被介绍到日本，日本人也对北欧的设计和室内装潢产生了浓厚的兴趣。这种趋势也使得接受北欧家具的土壤变得更为肥沃。

其中发挥了重要作用的就是美术馆和百货商店。大约在二战结束后的10年，日本举办了几场介绍海外设计的展览。丹麦现在仍在制造生产的名作椅子等多数设计也是在二战后约10年间集中发表的。这些作品从1950年代中期到1960年代能在日本国内实际看到，多亏了美术馆和百货商店。

这些展览不仅向普通人介绍了海外的优秀设计，其举办的目的之一是提升日本国内的设计品质，实际上介绍到日本国内的海外的崭新设计对日本的设计和相关产业产生了很大的影响。另一目的是当时日本的企业频繁模仿海外的产品已经变成了一个国际问题，展览也有针对盗用设计问题提升道德感的重大意义[1]，是促使国民尊重原创设计的启蒙活动。

在介绍来自日本海外的设计中，美术馆起到的作用

1952年，作为日本最早的国立美术馆，东京国立近代美术馆在东京都中央区京桥地区建成。[2]开馆两年后举办了“格罗皮乌斯与包豪斯展”，其后五年举办了“20世纪的设计：欧洲和美国展”。不仅有绘画和雕刻，设计和工艺等方面的展览会也在这个时期起步了。

格罗皮乌斯与包豪斯展（1954年6月12日—7月4日）

现场不仅展示了图纸和照片，也展示了椅子等作品的实物，以及建筑模型等。包豪斯的首任校长沃尔特·格罗皮乌斯[3]也随着这次展览一起来到了日本。他还考察了产业工艺实验所、东京艺术大学、千叶大学等，与学生、实验所成员、设计师密切交流。[4]

20世纪的设计：欧洲和美国展（1957年2月20—3月1日）

这次展览是和MoMA（纽约现代艺术博物馆）合作开办的。以追寻近代欧洲和美国的设计历史为理念，展览品包括具有实用性的生活用品、家具、照明器具、缝纫机、打字机、餐具、厨房用品等。展览上展出了31把椅子，包含了从新艺术运动时期到包豪斯时代、横跨美国到北欧的设计。展出的每一把椅子都是流传至今的杰作，有半数椅子现在仍在制造和出售。[5]

＊1 在二战结束后不久，日本出口的商品就因为品质低劣和仿造品数量过多遭到了来自世界各地的批评。

＊2 1969年搬迁到千代田区北之丸公园内。

＊3 沃尔特·格罗皮乌斯（Walter Adolph Georg Gropius，1883—1969），建筑家，生于德国。从1919年包豪斯创立时担任校长直到1928年，1937年移居美国，其后担任哈佛大学建筑系教授。

在此次展览会的图册上记载的举办致辞中，有下面这样一篇文章：

我国（日本）自古以来就具有各种和美术工艺、染织、家具等生活必需品相关的技术，不仅拥有了不起的传统，也有素材和质量，同时有通常只面向日本国内的爱好者出售的倾向。…… 我相信已经到了必须把好的设计引入日本特有的素材和技术中的时候了。…… 我们希望能在太平洋战争刚结束的时候，把世界各地的优秀设计带回日本展示给大家看，为我们的各种产业开拓新的市场做出一点贡献……

这个展览会旨在通过在美术馆展示诸如生活用品和工艺品等工业制品的方式，让制造商、设计师和广大消费者都能了解到更优秀的生活用品和工艺品，并且起到尊重原创设计的启蒙作用。

《20世纪的设计：欧洲和美国展》图册的中页。

1957年，东京国立近代美术馆举办了10次展览会。一年间入场人数达到了36 787人，日均入场人数1 051人。“20世纪的设计”展是在1957年举办的展览会中入场人数第二多的，占同年美术馆入场人数总数的两成，该展览备受关注。入场人数最多的展览是“安井增太郎遗作展”，入场人数71 851人，日均2 113人。[6]

作为参考，1960年代和1970年代在美术馆举办的日本海外制品设计工艺类的展览会记载如下：

*4 资料参考自1954年7月出版的《工艺新闻》22-7。

*5 在展览上展出的31把椅子中，出自瓦格纳的椅子只有“椅”椅（JH501），Y型椅未被展出。

*6 入场者人数统计数据来自东京国立近代美术馆档案。

勒·柯布西耶展

1960年11月6日—12月4日，大阪市立美术馆

1961年1月24日—2月19日，日本东京国立西洋美术馆

当代欧洲生活艺术展

1966年2月28日—3月26日，日本国立近代美术馆京都分馆

包豪斯50年展

1971年2月6日—3月21日，东京国立近代美术馆

椅子的形态——从设计到艺术

1978年8月19日—10月15日，日本国立国际美术馆（大阪）

*入场者人数：总数16 589人（日均332人）

北欧工艺展

1978年9月15日—11月19日，日本东京国立近代美术馆

通过这些美术馆的展览，包豪斯、欧洲、北欧、美国的设计情况被介绍到日本，为百姓所知。1960年代初期百货商店和JETRO[1]开始举办海外制品的展览，虽然只限于一部分楼层，但是也增加了日本与海外的室内装饰和家具等直接接触的机会。

作为民营企业的百货商店起到的作用

回顾设计的历史，不管是日本还是海外，百货商店都起到了巨大的作用。美术馆举办展览的主要目的是传播信息和开展启蒙活动。而另一方面，作为

*1 1951年JETRO成立，当时的名称是财团法人海外市场调查会。1958年改名为特殊法人日本贸易振兴会。2003年成为日本贸易振兴机构。

*2 柳宗理（1915—2011），工业设计师，其父是柳宗悦，代表作品有蝴蝶凳等。渡边力（1911—2003），产品设计师，代表作品有鸟居凳等。浜口隆一（1916—1995），建筑评论家。浜口MIHO（1915—1988），建筑家。

*3 费尔南·莱热（Fernand Léger，1881—1955），法国画家，也画版画，设计舞台装置等。曾为勒·柯布西耶设计的建筑物画壁画。

*4 夏洛特·佩里昂（Charlotte Perriand，1903—1999），法国室内装潢和家具设计师。和勒·柯布西耶一起设计了躺椅LC4等椅子。1940年作为商工省技术顾问来到日本，和日本有着深厚的联系。二战后数次来到日本，于1953年开始在日居住约两年）。

民营企业的百货商店则以销售为主要目的。促进销量的同时也能起到启蒙活动的作用，能够让海外的家具等生活用品更加贴近人们的生活。

1955年，东京银座松屋开辟了一处“优秀设计”的卖场。室内装潢杂志《当代生活》（妇人画报社）在1955年夏季刊上刊载了这次卖场活动的照片并作了介绍。柳宗理、渡边力、浜口隆一、浜口MIHO四位是发起人[2]，希望优秀设计活动把销售和启蒙结合起来，通过展览来促进销量。现在仍被日本设计委员会运营的“设计收藏”（Design Collection）活动所继承。

同年，在日本桥高岛屋举办了“勒·柯布西耶、费尔南·莱热[3]、夏洛特·佩里昂[4]三人展”。早在1941年，也是在高岛屋，曾以“选择、传统、创造”为题举办“佩里昂女士·日本创作品展”[5]。应商工省邀请，佩里昂留在日本改善日本工艺品的设计，并考察了日本东北和京都等地的产业一线。[6]

1956年之后，通过和海外百货商店的合作，很多以易货贸易[7]的方式进口的商品在日本国内销售，并开办了“国际交流现货销售展”这样的展览。百货商店独自进口商品贩卖的现货销售展会[8]开始在日本全国各地举办。

在丹麦承担设计的启蒙活动和实际销售的机构是Illums Bolighus，现在仍位于哥本哈根的闹市区斯楚格街（Strøget）。他们出版了一本名为《现代设计中心》（*Center of Modern Design*）的小册子，介绍家具、玻璃制品和陶器等日常用品以及工艺品。而“永久”虽然不是百货商店，却在当时向丹麦海外销售丹麦的工艺品、生活用品上起到了巨大的作用。

在瑞典，NK百货商店内有一家名为“斯德哥尔摩设计屋”（Design House Stockholm）的商店。在意大利米兰，文艺复兴百货（La Rinascente）设立了“金圆规奖”。现在它仍在大教堂附近，宽广的地下楼层摆满了展品和销售品。

---

*5 1941年3月28日～4月6日：东京高岛屋，5月13～18日：大阪高岛屋。

*6 此次行程由柳宗理同行担任翻译。

*7 易货贸易（英文写作 barter trade），一种无需付款就可以进行交易的交易形式。在二战后的日本因为外汇不足，所以经常采用这种方式进行海外贸易。

*8 除了丹麦和芬兰以外，和北欧有关的展销会有瑞典展（1957年、1959年：上野松坂屋）、挪威展（1960年：日本桥白木屋）等。此外，还举办了许多关于意大利和法国的展览，如意大利节（1956年：日本桥、京都、大阪三地的高岛屋）、意大利观光工艺展（1959年：名铁百货店）、巴黎展（1958年：日本桥高岛屋，和巴黎春天合作）、巴黎展（1958年：日本桥白木屋，和乐蓬马歇百货公司合作）等。

最早的丹麦系展会在大阪大丸百货举办

1957年11月26日至12月1日在大阪的大丸百货举办了“丹麦的优秀设计展”。1958年1月9日至1月15日巡回到东京的大丸百货商店，以“丹麦家具工艺展”为名举办。展览上展出了弗里茨·汉森公司的七号椅[1]、AX椅等，以及瓦格纳的三脚椅和桌子的套装（FH4602心形椅/FH4103）、波尔·克耶霍姆的PK22，还有芬恩·朱尔、阿尔内·沃德、南纳·迪策尔、彼得·维德、莫嘉德·尼尔森等许多设计师的家具。[2]

同年的6月17日至6月22日，在东京日本桥的白木屋举办了“芬兰·丹麦展”，展示了生活用品类的工艺品、玻璃制品、家具和炊具等。在展会刊登的报纸广告上，刊载了芬恩·朱尔的酋长椅、卡伊·弗兰克（Kaj Franck）的水罐、阿尔瓦尔·阿尔托[3]的凳子、阿尔内·雅各布森的七号椅等相关照片和介绍。在展览会的图册和杂志文章上也刊载了伊尔马里·塔皮奥瓦拉[4]、汉斯·瓦格纳、雅各布·凯尔等设计师的大量商品。

曾经担任工艺指导所技师的铃木道次[5]曾在《new interior新室内》（1958年7月刊）杂志上就自己的感想做出如下描述：

这是个令观者非常愉快的展览，朴素中蕴含着诚实和深刻的味道。当然也有新的技术。这些独特且结构完善的作品值得人们欣赏，它们具有不迎合对方，却又给人亲切共情的特质。这种设计不应只流于纸上，还应和材料相匹配、与技术相结合、和生活休戚相关。这种人性的关联赋予了我们同样的感受。

通过这种方式，在美术馆和百货商店举行了海外的室内装潢和工艺等相关的展览会以及展销会。于是在二战后的日本，接受海外设计和家具的土壤

＊1 七号椅是阿尔内·雅各布森的代表作。座面和背板使用的是一体成型的胶合板。1955年由弗里茨·汉森公司制造并销售，累计生产量高达数百万把。

＊2 阿尔内·沃德（Arne Vodder，1926—2009）、南纳·迪策尔（Nanna Ditzel，1923—2005）、彼得·维德（Peter Hvidt，1916—1986）、莫嘉德·尼尔森（Molgaard Nielsen，1907—1993），都是丹麦的家具设计师。

＊3 阿尔瓦尔·阿尔托（Alvar Aalto，1898—1976），芬兰代表性建筑家、家具设计师。在许多自己的建筑中，比如帕伊米奥疗养院和维堡图书馆设计过椅子和其他家具。

也积累了下来。特别是在百货商店举办的北欧系展会上，丹麦的家具和室内装潢被设计师、建筑家和一部分富裕阶层所了解。

2 Y型椅在日本是如何被介绍和销售的？

东京奥运会举办前两年
Y型椅首次登上日本百货商店的舞台

1962年6月1日—6月6日，在银座松屋举办了“丹麦展”，展示并销售丹麦的家具。《设计》（美术出版社）1962年7月刊（第34期）上刊载了Y型椅和七号椅相关的照片和介绍。同时，该展览还展示和销售Le Klint的照明器具和凯·玻约森的木制犬类摆件、餐具、调味料容器等。[6]

从笔者调查到的结果来看，这次展会是Y型椅在日本店铺的首次展示。在前文所述的“20世纪的设计：欧洲和美国展”中，瓦格纳的椅子虽然也有展出，但是并没有介绍Y型椅。

次年，展会名被改为“丹麦室内装潢展”，1963年5月31日—6月5日、11月15日—11月20日、1964年1月10日—1月15日，以及1962年在银座松屋共计举办了4次与室内装潢相关的展览会。报纸广告上刊载了阿尔内·雅各布森的蛋椅、波尔·克耶霍姆的椅子及凳子，以及Le Klint的照明器具的照片。

纵览涉及这4个展览的杂志文章和报纸广告，刊载了Y型椅照片的是《设计》（1962年7月刊），其刊载了黑色涂装的Y型椅照片，不过说明只有一

＊4 伊尔马里·塔皮奥瓦拉（Ilmari Tapiovaara，1914—1999），芬兰家具设计师。椅子的代表作品有多莫斯椅（Domus Chair）。

＊5 铃木道次曾担任过二战前住在日本的德国建筑家布鲁诺·朱利叶斯·弗洛里安·陶特（Bruno Julius Florian Taut，1880—1938）的翻译。

＊6 展览会的销售额相当高。曾经是松屋买主的梨顾祐夫在他的著作《优秀设计的推销员》（刊行社）中表述如下：“展览会上主要是以家具为中心的高价商品，但是在三天之内就售出了95%，这是何等的成功。”

句话——“设计：汉斯·瓦格纳，售价15 000日元”，而没有“Y型椅”或者“CH 24”等字样。

现在没法看出来到底全部展示和销售了什么样的商品，不过相比之下，金属椅子要比木制椅子更多。阿尔内·雅各布森的蛋椅、波尔·克耶霍姆的椅子、瓦格

“丹麦展”报纸广告。1962年6月2日刊载在《日本经济新闻晚报》上。

《设计》1962年7月刊“丹麦展”文章中刊载的Y型椅照片。右图的右下角刊载了展品价格（下图是放大的价目表）。“3设计：汉斯·瓦格纳”指的就是Y型椅。第五行的COMPANY记述出错了。正确的应该是CARL HANSEN & SON（卡尔·汉森父子公司）。

1 LE KLINT ¥6,500
2 DESIGN: INGER KLINGENBERG ¥69,000
COMPANY: FRANCE AND SON ¥16,200
3 DESIGN: HANS WEGNER ¥15,000
COMPANY: FRITZ AND HANSEN
4 DESIGN: ARNE JACOBSEN ¥11,500
COMPANY: FRITZ AND HANSEN

纳的帆船旗椅（Flag Halyard Chair）和公牛椅、维尔纳·潘顿[1]的椅子等都备受瞩目。

建筑杂志《建筑》（青铜社）在1963年7月刊上，用了10页篇幅以《松屋的新展览室计划》为题目，结合照片介绍了丹麦的家具。上面刊载了如下文章：

这次松屋的目标是给国内除住宅之外的酒店、会所房间等内部装潢带来外国的优秀家具，建筑师可以带着客户来这里直接挑选……

这大概就是展会上金属家具比木制家具更多的原因吧。如果不是普通住宅而是经常有许多人出入的场合，从易于维护的角度考虑，金属家具也比木制家具的耐用度要高很多。此外，人们还预估了较高的成交量。

银座松屋积极出售丹麦家具

银座松屋的“丹麦室内装潢展”和迄今为止百货店的现货出售展示会不同。松屋和丹麦的各家制造商都签有持续销售的合同。在《室内》1963年8月刊的《随时可以购买的丹麦家具》专题中有如下介绍：“浏览实际商品或者商品手册后下单，约三个半月后产品就可以到手。”

丹麦家具不是只能在特别的展览上看到，而是只要到银座松屋就可以随时看到、摸到、买到的了。

即便如此，一把Y型椅也要15 000日元，相当于当时大学刚毕业的国家公务员的起薪。从本质上来说，它是面向富裕阶层和合同市场的。从前面提到的《建筑》杂志1963年7月刊上表述的内容来看，人们对于照明器具的兴趣最为浓厚。照明器具相关的有Le Klint和PH Lamp的展品等。作为参考，下图总

＊1 维尔纳·潘顿（Verner Panton，1926—1998），丹麦家具设计师。经常以塑料、金属、聚氨酯泡沫塑料作为主材料进行设计。椅子的代表作有潘顿椅。

结了从当时到近几年Y型椅的价格变化。第109页表格呈现的是展览中一些参展商品的价格。

当时松屋的买主梨谷祐夫在其著作《优秀设计的推销员》(刊行社)中就当时的情况做了详细介绍。

Y型椅的价格变化图

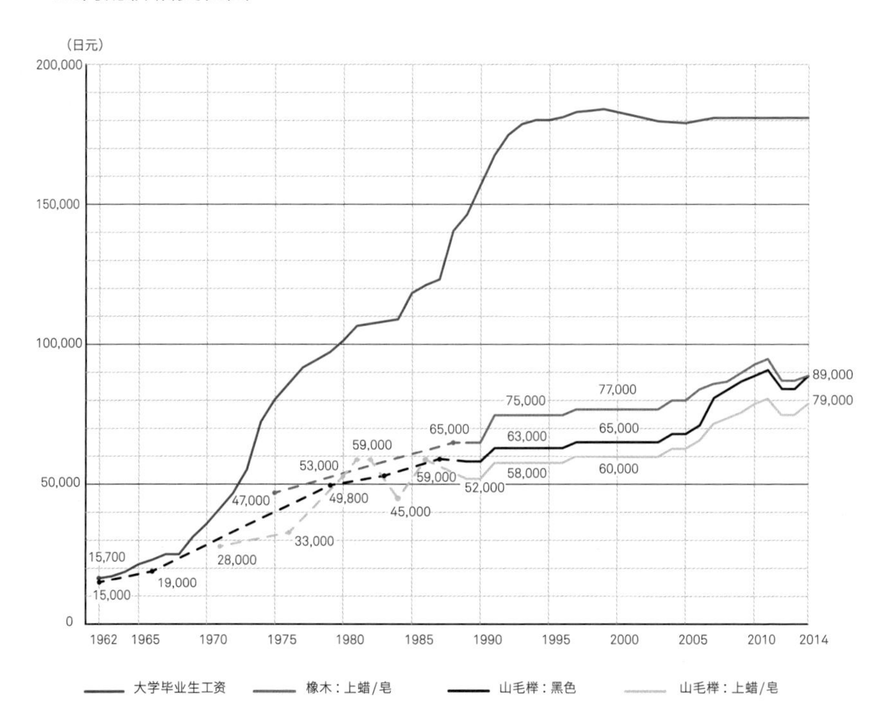

注：1.坂本茂根据东京人事局资料和各种杂志资料制成。

2.大学毕业生工资采用的是国家公务员(职业如下)的第一年月工资数据。

1962—1985年：上级甲种；1986—2012年：I种；2013—2014年：综合职业(大学毕业)

下表为“丹麦室内装潢展”“汉斯·瓦格纳展”上的部分展出商品及价格

为方便理解，商品编号使用了现在的编号。
根据东京人事局的资料，1962年（东京奥运会开幕前两年）大学毕业后就任国家公务员的人群，第一年平均月工资为15 700日元。

制造商	展示商品	表面材质	价格（日元）	展示
AP	AP46OX椅	革制	220 000	伊势丹 ‘64
AP	AP40机场椅	革制	60 000	伊势丹 ‘64
AP	AP29凳子	不明	25 000	伊势丹 ‘64
AP	AP19熊椅	布制	137 500	松屋 ‘63
AT	AT312餐桌	拉伸式	80 000	伊势丹 ‘64
AT	AT33缝纫桌		59 000	伊势丹 ‘64
AT	AT304餐桌	折叠式长板	100 000	松屋 ‘63
CH	CH27休闲椅	藤制	50 000	伊势丹 ‘64
CH	CH37扶手椅	纸绳	18 000	伊势丹 ‘64
CH	CH30椅子	革制	17 000	伊势丹 ‘64
CH	CH34椅子	革制	41 000	伊势丹 ‘64
CH	CH28休闲椅	无坐垫	38 000	伊势丹 ‘64
CH	CH24Y型椅	黑色涂装	15 000	松屋 ‘62
EKC	PK22休闲椅	革制	75 500	松屋 ‘63
EKC	PK9椅子	革制	80 000	松屋 ‘63
EKC	PK33凳子	革制垫子	52 000	松屋 ‘63
EKC	PK11扶手椅	革制	65 000	松屋 ‘63
EKC	PK31/1单人沙发	革制	283 000	松屋 ‘63
EKC	PK31/3三人沙发	革制	679 000	松屋 ‘63
FH	FH3107七号椅	黑色涂装	11 500	松屋 ‘62
GE	GE290单人沙发	不明	48 000	伊势丹 ‘64
GE	GE258沙发床	革制	98 000	伊势丹 ‘65
GE	GE225旗绳椅	旗绳	85 500	松屋 ‘63
JH	JH250侍从椅		60 000	伊势丹 ‘64
JH	JH550孔雀椅	纸绳	85 000	伊势丹 ‘64
JH	JH512折叠椅	藤制	58 000	伊势丹 ‘64
JH	JH505牛角椅	革制	56 000	伊势丹 ‘64
JH	JH518公牛椅	革制	68 000	伊势丹 ‘64
JH	JH501“椅”椅	藤制	60 000	伊势丹 ‘64
JH	JH502转椅	革制	90 000	伊势丹 ‘64

*制造商
AP:AP Stolen　CH:卡尔·汉森父子公司　FH:弗里茨·汉森公司　JH:约翰尼斯·汉森公司
AT:安德烈亚斯·塔克公司　EKC:埃文德·科尔德·克里斯滕森公司　GE:Getama

*展示·参考文献
松 ‘62:“‘62丹麦展”松屋银座（1962年6月1日—6日）《设计》第34期1962年7月（美术出版社）
松 ‘63:“‘63丹麦室内装潢展”松屋银座（1963年5月31日—6月5日）《建筑》1963年7月（青铜社）
伊 ‘64:“汉斯·瓦格纳作品展”新宿伊势丹（1964年1月16日—22日）《建筑》1964年3月（青铜社）
《设计》第58期1964年4月（美术出版社）
伊 ‘65:“汉斯·瓦格纳展”新宿伊势丹（1965年3月2日—9日）《设计》第71期1965年5月（美术出版社）

在日本，以观光为目的的海外旅行自由化是从1964年开始的。不过每人一年只有一次500美元的外汇提取额度。固定汇率制改为可变汇率制是在1971年。在这样的时代，要说怎么可以买到进口椅子，那么就只有用“与丹麦商品等价的日本制商品去交换”这种易货贸易的方式了。据记载，在这样的情况下也实现了约15 000美元，即当时的2000万日元，按现在的价值算170万日元（约合86 360元人民币）的贸易额。

为了在松屋举办首场“丹麦展”，梨谷在1960年4月造访了丹麦，通过哥本哈根的“永久”和各制造商签订合约进口商品到日本。他的书中记载着首次出差丹麦造访的制造商的名字。[1]可以说如今在日本市场流通的制造商的产品中，包含二手在内，一大半是松屋介绍到日本的。

梨谷策划的“丹麦展”能够获得成功，其中“永久”的功劳不可忽视。“永久”尊崇手工艺设计且从事批量生产的优质丹麦工艺品的展示和销售，是一个旨在为丹麦国内外带去启蒙的机构。当时市场被持续进口的诸多外国的低价低质商品破坏，凯·玻约森对此抱有危机感，于1931年提出了建立该机构的方案。设立背景受到1930年斯德哥尔摩世博会的宣言“Acceptera”（英语：Accept，接受）的影响。其想法是接受新时代功能主义、标准化和批量生产的方式，采用能适应变化中的社会状况的生产方法，而不是否认它并墨守成规。

Y型椅也被放置在高级餐厅中

在1965年8月刊的《设计》上，曾刊载一篇题为《Saxon、志度、Top's的

＊1 包括卡尔·汉森父子公司、弗里茨·汉森公司、Getama公司、腓特烈西亚公司等家具制造商，还涉及生产陶器的皇家哥本哈根公司、玩具制造商凯·玻约森公司等诸多领域的公司。

＊2 田中一光（1930—2002），作为平面设计师活跃在业界。担任过西武流通集团的艺术总监，曾设计过1964年东京奥运会的象形图和西武百货店的包装纸等。

室内设计》的文章。包含彩色照片在内，刊载了许多关于开在赤坂TBS会馆地下楼层的高级法餐厅“志度”（SIDO）、咖喱专营店“Saxon”、美国风味餐厅“Top's”，以及日本料理“ZAKURO”四家店铺组成的“KATSURA TBS店”的照片。

田中一光[2]负责招牌的平面设计，柳宗理负责提供室内装潢的咨询服务，银座松屋的梨谷祐夫负责家具布置。在“Saxon”店内，摆放着几十把雅各布森设计的黑色七号椅；“志度”里摆放着数不清的瓦格纳的蓝椅（JH518）、牛角椅（JH505）、Y型椅，雅各布森的天鹅椅，克耶霍姆的沙发（PK31）和凳子（PK33）等。交付给这家店铺的商品相关的文章在前文提到的《丹麦家具艺术家瓦纳格》一书中可见到。在讲述瓦格纳在世界各地的受欢迎程度时，有一篇文章对向日本出口75把蓝椅的事情做了如下记载：

这不足为奇，瓦格纳的椅子在日常生活中的易用性和作为物品带给人的喜悦与日本的手工艺品是相通的。

《丹麦家具艺术家瓦纳格》。

《设计》1965年8月刊的文章《Saxon、志度、Top's的室内设计》。

1960年代中期在伊势丹举办的瓦格纳展

1964年1月16日—1月22日在东京新宿的伊势丹举办了“汉斯·瓦格纳作品展”，1965年3月2日—3月9日又举办了“汉斯·瓦格纳展”。在展会上，展示和出售了大量瓦格纳的椅子和桌子等作品，包括卡尔·汉森父子公司的Y型椅（CH24）、CH27、CH36和CH37，约翰尼斯·汉森公司的侍从椅（Valet Chair，JH250）、旋转椅（JH502）、“椅”椅（JH501），AP Stolen公司的机场椅（AP40），Getama公司的沙发（GE290）等。《建筑》杂志1964年3月刊、《设计》杂志1964年4月刊，及1965年5月刊都介绍了该展览的情况。

就这样，在日本看到Y型椅的机会增加了，富裕阶层也开始在住宅里使用Y型椅。据说在被称为“经营之神”的松下幸之助的宅邸中，很早就摆上了Y型椅。

电气铁路车站型百货商店里的家具销售

1967年，东京新宿西口的小田急HALC（Happy Living Center，意为快乐生活中心）商场开业了。《家具产业》杂志（日本家具工业会）1967年12月刊上曾记载，从HALC的2楼到4楼，共3层楼都是室内装潢商场，是当时百货商店中最大的家具卖场。日本国产商品和进口商品的比例是4∶3，进口国包括丹麦、德国、法国、荷兰、芬兰、意大利等，聚集了许多欧洲制造商的产品。恐怕对于40岁以上的日本人来说，“HALC即北欧家具”的印象会非常深刻。

＊1 1970年代以来设计师的交接就开始了，约翰尼·索伦森（Johnny Sørensen，1944— ），鲁德·泰格森（Rud Thygesen，1932— ）、索伦·霍尔斯特（Soren Holst，1947— ）、伯恩特·彼得森等，继芬恩·朱尔、瓦格纳、莫恩森之后作为新时代的设计师活跃在设计舞台上。在木材方面，1950—1960年代流行的是柚木和桃花心木等深色的木材。橡木有时会用氨气熏染（熏制橡木），以匹配柚木的颜色。丹麦曾因为资源稀少，木材需要依赖进口，但是从材料成本飞涨和自然保护的角度来看，有计划地种植的国产木材山毛榉的使用量正在逐渐增加。如今，使用白色系的木材（山毛榉、橡木、白蜡木）正在成为主流。

小田急HALC商场在1970年1月23日—2月28日举办了“北欧家具展”，展示了从哥本哈根的“‘北欧家具展’69”上买来的共计400件家具。关于该展览，1971年8月出版的《工艺新闻》39-2中有如下记载：

关于运用新材料，大量使用白色系木材等，以及基于新概念的家具正在商业化这一事实引发了很多话题。[1]

1967年12月初版的《家具产业》中记载，自1966年开始的11年间，包括家具在内的家庭用品的销量，在农村和城市地区同样实现了约5%的增长。此外，在百货商店的销量比例中，衣物占42.4%，食品占17.6%，家庭用品占14.9%，杂货占12.2%，由此可见家庭用品占到了第三位。在家庭用品中，家具占据的比例记述超过45%。只看增长率的话，包括家具在内的家庭用品取得了第一名，即12.9%的增长。

在自1945年开始的70年间，东京的人口从348万人增长到1 140万人。与此同时，住宅地在郊外大幅扩张，私营铁路等铁道网络也延长了。因此，西武等电气铁路车站型百货商店[2]也取得了令人瞩目的突破。与此同时，三越等和服百货商店[3]的销售额也稳步增长。随着人口的增长，住房和家具就成了必需品，在日本这样的社会形势下，诸如北欧家居这样的进口家具逐渐进入普通家庭中。

1960年代后半期以来意大利家具开始流行

在日本销售的进口家具形态多种多样。有成品进口的，也有在日本国内获得许可而生产的。还有进口一部分部件，再和日本国内零件组合制造成产

＊2 除了西武以外，东京还有东急、东武、小田急等；大阪有阪急、阪神、近铁等，均为百货商店。

＊3 除三越以外还有高岛屋、伊势丹、大丸等。

品销售的。从1960年代中期开始，当代家具销售、国际室内装潢、日本ASCO、ARFLEX日本等几家公司就和赫曼米勒公司、诺尔（Knoll）公司、ARFLEX公司等海外的制造商缔结合约，出售日本国产化家具。

大约在1950年代中期，日本通过百货商店的国际兑换销售的方式引入了来自不同国家的家具和家庭用品。查看日本的家具进口通关记录可知，截至1967年，意大利的进口额约为丹麦的2倍，美国约为丹麦的3倍。1970年，家庭用品的总进口额达到了前一年的近一倍，1971年甚至还在增加。来自丹麦的家具进口额一直保持在高水平，增加到几乎和意大利、美国等额的水平。只不过此时，从意大利进口的家具更为流行。

1958年，Y型椅的照片第一次被刊载在杂志上

1990年之后，自卡尔·汉森父子公司的日本子公司De-sign株式会社成立以来，在日本出版的杂志上介绍Y型椅的机会增多了。不过在1950年代到1980年代之间，杂志的数量相比现在少，因而关于Y型椅的文章并不多。

据查，最早刊登在杂志上的照片是1958年5月出版的室内装潢杂志《new interior新室内》第84期，有一篇名为《丹麦家具》（铃木道次著）的文章上刊载的“各种丹麦的椅子”的照片。[1]

6把摆在一起的椅子的照片从右数第2把就是Y型椅。这是我（坂本）

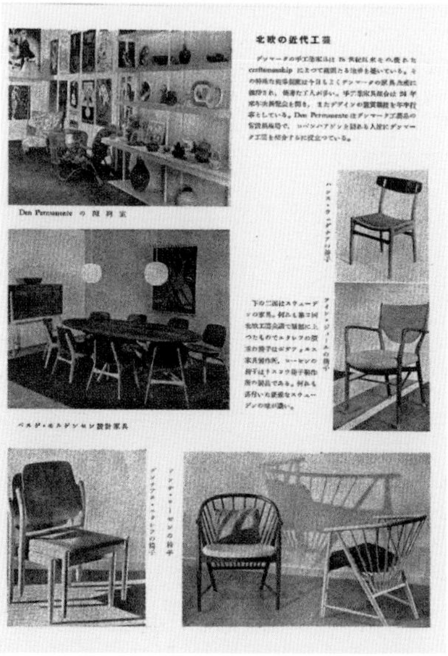

＊1 刊登在杂志的第113页上。在1951年11月出版的《工艺新闻》19-6期的《北欧近代工艺》一文中，刊载了Y型椅以及同时期（1950年）由卡尔·汉森父子公司销售的CH23椅子的照片（右版面右上的照片）。照片的说明文字是“汉森·瓦格纳的椅子”。

调查出来的刊登在日本杂志上的最早的Y型椅照片。不过也只是刊登了照片而已，并没有任何说明文字。

此后两年，同杂志1960年2月刊第103期刊载的《设计师应该站在什么样的角度去思考设计？》（水之江忠臣著）一文中，刊载了瓦格纳的椅子和橱柜等相关的60张照片。虽然Y型椅也在其中，不过这里并没有对椅子逐一做介绍。1961年11月出版的《文艺新闻》29-8期刊载的《学习丹麦》（剑持仁著）一文中也刊载了Y型椅的照片，是在哥本哈根家具店深处很小的地方拍到的Y型椅。

1962年9月出版的《工艺新闻》30-3期的《丹麦家具设计的展望》（剑持仁著）一文中虽然也刊载了Y型椅的照片，不过只简单描述为“汉斯·瓦格纳的作品 —— 扶手椅：1950年”。这期《工艺新闻》的文章可能是最早把丹麦家具和设计师介绍到日本的一篇。对于雅各布森的椅子，文章用了通俗称呼“蚂蚁椅/蛋椅/天鹅椅”。

《室内》1961年6月刊上刊载了“丹麦家具”（岛崎信著）主题相关的几篇专题文章，文章的首页刊载了大面幅的Y型椅照片。不过照片说明写的不是Y型椅，而是“V型椅 设计/汉斯·瓦格纳”（参考第98页）。

《new interior新室内》第84期的专题“丹麦的家具”中刊载的“各种丹麦制家具”一页。虽然看不太清楚，不过可以看出右起第二把是Y型椅。

1962年9月出版的《工艺新闻》30-3上的《丹麦家具设计的展望》一页。

东京奥林匹克运动会举办的1964年的1月，在伊势丹举办的“汉斯·瓦格纳作品展”的介绍文章，在《日本室内装潢》第12期（1964年3月刊，原名为*JAPAN DESIGN INTERIOR Inc.*）上以《汉斯·瓦格纳的家具》为标题记载了此展览，Y型椅的照片也刊载其上。不过照片说明是“装饰椅子，橡木材”（decorative chair material: oak），文章中看不到“Y型椅”或者“CH24”的名称。

Y型椅就这样开始被引入杂志。只不过在1950年代后半期到1960年代，Y型椅出现在纸媒上，也集中在《工艺新闻》和《室内》这样面向业内人士的杂志。此后，Y型椅逐渐出现在了面向普通读者的室内装潢杂志和女性杂志上，它也被越来越多样的媒体介绍。刊载内容都是积极的评价，对Y型椅的宣传做出了巨大的贡献。本书第188页介绍了1970年代以后Y型椅刊载在杂志和小册子上的文章的一部分。

3 Y型椅的购买者都是什么样的人？

— 建筑家采购Y型椅 —

一大部分是在普通住宅内作为餐椅使用

究竟是什么样的人会购入Y型椅呢？最近，大部分是普通家庭会使用Y型椅。当然，从餐厅到咖啡馆再到荞麦面馆的各种餐饮店、住宿机构和公共设施的休息室等都在使用Y型椅。不过从家具店的角度来说，绝大多数是普通家庭作为餐椅在使用。所以家具店也会把4把Y型椅组成套装作为家庭用的餐椅出售。另一方面，只买一把的普通顾客也很常见。

＊1 2014年出版的《名作椅子的秘密》（铃木Joe著，X-Knowledge社）中关于Y型椅的那几页的标题是“如今受欢迎是托安藤的建筑的福”。当提到使用了Y型椅的建筑家时，安藤忠雄的名字往往就像这样被提到，不过还有很多其他建筑家，比如清家清、林雅子、宫胁檀等人也偏好使用Y型椅。

1960年代后半期到1970年代，Y型椅在日本还很罕见，后文也会提到，Y型椅是在被建筑师引入之后才流行起来的。[1]比如说在日本，1960年代Y型椅刚被介绍过来时，《新建筑》1962年9月刊就刊载了将其引入住宅的实例。这期杂志介绍了“洄泽之家”（设计：林雅子）这个住宅，刊载了一张Y型椅作为工作椅的照片。

建筑家把Y型椅融入自己设计的建筑物中

在1991年5月出版的《当代起居》第75期的专题“室内协调装饰、家具与照明器具——聪明的选择和购买方法”中，有一篇题为《50名建筑师选择的个人喜欢的家具和照明器具》的文章。由于要从庞大的产品目录中选择一个，统计结果很分散，文中写着50人中有7～8人投票的家具就算是第一名。

餐椅类的评选结果，第一名是8个人选择的“Y型椅”，第二名是“Cab”椅[2]和“椅”椅，各2票。之所以选择Y型椅，是因为大家认为“这是一把可以营造轻松的用餐环境的椅子，同时从设计层面上来说，落座舒适度也很出色”。

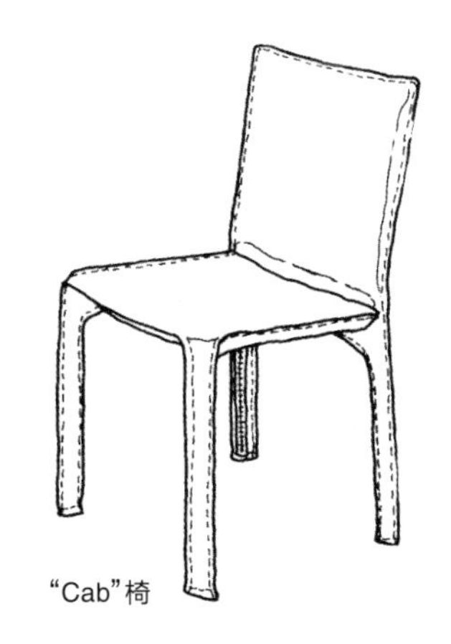
“Cab”椅

有一种说法是，Y型椅的用户数量增加是因为许多建筑家将其放在自己设计的房子里。[3]文章的最后也验证了这种说法。此外在上文提及的文章中，3名建筑家（光藤俊夫、宫胁檀、渡边武信）以座谈会的形式讨论了Y型椅。这里介绍其中一部分内容。

＊2 “Cab”椅是由意大利国宝级家具设计师及建筑家马里奥·贝里尼（Mario Bellini，1935— ）设计的。它的框架由椭圆形不锈钢管制成，并由马臀皮制成的皮革外罩盖住椅座。

＊3 2013年5月23日的《日本经济新闻晚报》的“当代设计的谱系4”（柏木博著）中刊载了下述文字：“在浏览日本的建筑杂志时，我注意到了一件有趣的事情，那就是建筑家设计的住宅中有近半数都摆放了丹麦设计师汉斯·瓦格纳的Y型椅。”

宫胁:“首先,餐椅中就数Y型椅最受欢迎了,对吧?它一共获得了8票。”

光藤:“是那个叫叉骨椅的椅子吗?”

宫胁:“实际上我觉得Y型椅并不适合日本。扶手的最前端会碰到餐桌,放置在狭小空间时比较麻烦;而且它的扶手又往侧面伸展,起身之后从侧面出去肯定会磕到。从这一点来讲,Y型椅不适合日本,那为什么能那么流行呢?我认为是因为大家都没有做好功课就买了。你们不这么认为吗?”

光藤:“相比这些,我们是不是也有点厌了?难道没有那种‘又是这把椅子啊’的感觉吗?”

宫胁:“实际上口头上我也无意识地就答道‘就是Y型椅了’。但要写下来还是不行啊。”

渡边:“这么说起来宫胁先生也在用啊。”

宫胁:“我在用。前一阵还重新换了座面,坐起来确实舒服。表面没有涂层,虽然这点和瓦格纳设计的150把椅子(原文如此)一样。木油慢慢地从内部渗出,使得表面显出了光泽,所以用着也不会厌烦。当然座面最终还是会出现断裂,不过最近也有座面更换的业务。”

光藤:“毕竟没有这样的系统化流程确实不方便啊。”

渡边:“它不仅是一个杰作,如今的售卖价格也容易令人接受。相比之下,其他杰作就比较昂贵了。”

宫胁:“‘Cab’椅虽然排在了第二位,不过比Y型椅贵吧?虽然我也用在了书房,不过日本人摆在餐桌边用的椅子都是较宽大的,我觉得起码也要是可以让女性横着坐的大小。最小限度就是Y型椅了吧。”

有个调查文件显示许多建筑家都喜爱Y型椅,不过实际在自己家里使用的人多吗？

在《建筑家自己的住宅》（鹿岛社，1982年出版）一书中查阅一番，刊载的50名建筑家中有5名（10%）在自家使用Y型椅。在2003年和2005年出版的同名的《建筑家自己的住宅》（枻出版社）中，2本合计刊载了60名建筑家的住宅，其中14人（约23%）的建筑家在自家使用了Y型椅。

由此可见，这个比例颇高。也许大多数情况是因为建筑家自己喜欢然后推荐给业主的。如同第1章里提到的那样，Y型椅在几乎任何空间里看起来都很显眼[1]，业主也很喜欢。毫无疑问，建筑家的推荐语是Y型椅流行的原因之一。

1990年代以后成为最流行的椅子

《当代起居》第129期（2000年3月刊）中，有一篇文章收录了过去50年中236期特刊发表的餐椅数量。结果是七号椅96次，Y型椅137次。七号椅由于经常用于商业设施等公共空间，所以在日本的销量更高。《当代起居》如同名字所述，是一本以建筑为主题的杂志，所以Y型椅确实会更多吧。Y型椅虽然在咖啡厅和餐厅里也能见到，但绝大多数还是用于普通住宅。

此外，《室内》第477期（1994年9月刊）中，以《精品椅子去哪儿买》为题刊载了131把椅子的照片以及设计师的名字、销售店名和联系方式等。文章虽然只有这一篇，不过在每一期杂志的最后都有一张特殊的明信片，可以发回出版社索要该期刊载的广告的相关资料。

在明信片的署名栏下面有一行小字，写着“请告诉我们您认为最好的5把椅子。未在本期中刊载的椅子也可以，并附上选择的理由”。此后，有181人

＊1 《当代起居》第75期中3名建筑家的座谈会上，宫胁檀做出如下一段评论：“因为设计不够好，所以需要用家具来充实。在一个除了白墙和地板什么都没有的空间，Y型椅在里面立刻就吸引了目光。”

发送了回复。其结果发表在同杂志1994年11月刊上。

从结果来看，Y型椅获得了压倒性的58人的支持，荣获第一。第二位是查尔斯·雷尼·麦金托什的高背椅（Hill House Chair），第三位是吉奥·庞蒂的超轻椅（Superleggera），并列第四的是安东尼·高迪的扶手椅（Calvet）、约瑟夫·霍夫曼的豪斯·科勒（HAUSKOLLER）、瓦格纳的孔雀椅。

4 卡尔·汉森父子公司成立日本法人

通过成立日本法人
增加了Y型椅在日本的销量

随着在1990年成立De-sign株式会社，卡尔·汉森父子公司打下了在日本市场的基础。

丹麦人尼尔斯·休伯（Niels Huber）主营丹麦制柚木材料家具的进口销售业

务，他在东京经营了一家叫作“休伯国际（Huber International）株式会社”的公司，其中名为SK设计部的部门当时负责面向室内设计师销售Y型椅的业务。

当时Y型椅在日本已经成为瓦格纳的椅子的代名词之一，销量众多，而感受到了Y型椅更多潜力的尼尔斯·休伯向卡尔·汉森父子公司的CEO乔根·格纳·汉森提出了共同经营日本市场的提案。

在这个提案中，休伯提出，为了管控卡尔·汉森父子公司商品的价格、品质和品牌等，需要成立一个日本分公司，并通过在日本建立库存，使得商品在日本的流通更为顺畅，也能缩短交货时间。此外，加强诸如更换纸绳等方面的维护，也可使销售量相比当前增加更多。而提案中的这些费用将全部由尼尔斯·休伯（日本方面）承担。

当时除休伯国际株式会社以外，和卡尔·汉森父子公司有贸易往来的日本公司（分销商）主要有5家，分别是ACUS、松屋、Kitchen House、诺尔、大洋金物。卡尔·汉森父子公司一年制造1万把Y型椅，向丹麦的卡尔·汉森父子公司下订单后，最短也需要6个月才能交货。

如果在日本设立仓库，就可以大幅缩短交货时间。家具分销商可以以集装箱为单位进口商品，却不用担心库存的风险。每家分销商都想独占在日本的销售权，不过，只有尼尔斯·休伯提出了共同设立日本分公司的想法。

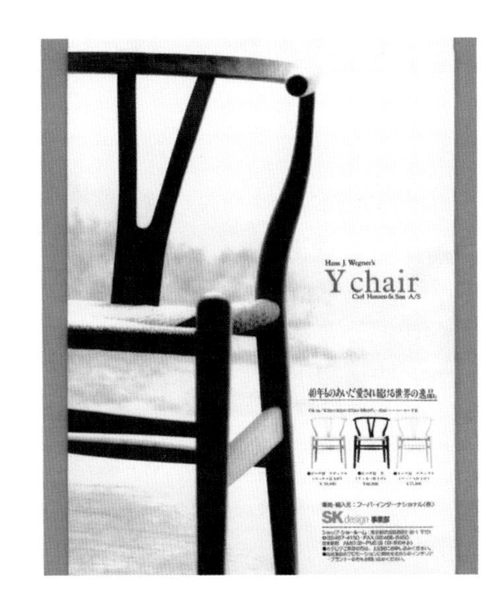

休伯国际株式会社SK设计部的Y型椅宣传册。

卡尔·汉森父子公司的日本分公司De-sign株式会社的成立

Y型椅发售40年后的1990年，丹麦的卡尔·汉森父子公司和日本的休伯国际株式会社各出资50%在东京成立了De-sign株式会社。De-sign是源自Design、Denmark、Sign的生造词。卡尔·汉森父子公司的家具由De-sign株式会社销售，以往涉及的柚木家具全部由休伯国际株式会社销售。公司名未采用“卡尔·汉森父子日本株式会社”是因为还要销售其他包括瓦格纳等丹麦设计师的作品。实际上，De-sign株式会社几年之后也开始涉足PP家具公司和Getama公司的家具了。

由于在公司名字方面，丹麦和日本没有联系，统一的LOGO就由SALESCO的设计师伯恩·彼得森设计。在丹麦出版的杂志《来自北欧的设计》(*Design From Scandinavia*)和《起居建筑》(*LIVING ARCHITECTURE*)上，卡尔·汉森父子公司的广告里写着“Sales office: D sain K.K.”。现在的LOGO也用回了旧版。

日本分公司的重要作用是家具品质管理

成立日本分公司的目的之一，就是管理家具品质，这非常需要改善。面向日本市场的品质要求非常高，因为生活环境和生活方式不同，所以要求理所当然也不一样，无视这一点就会影响销售。分公司把需要改进的地方告知总部，并逐一更正。

当时最多的抱怨是关于椅腿嘎吱作响的声音。在出货到分销商之前肯定要先将椅子放在固定板上，若有嘎吱作响的声音就要修正后再出货。即便如此，收货方也会联系公司说有“嘎吱嘎吱”摇晃的声音。大部分时候只要换一下摆放的地方就可以了，不过因为反馈过多令人紧张，所以就开始做全面的品质检查。纸绳的编织品质也是一个重要的检查点，编织不佳的产品全部都要在日本更换一遍。

在商品有问题时，需要告知丹麦的工厂。1990年代，因特网不像现在这么普及，也没有数码相机。在拍完照片后需要显影胶片，再和附言一起通过邮寄的方式寄过去。当时瓦格纳的长女玛丽安娜·瓦格纳（Marianne Wegner）作为瓦格纳事务所的代表管理瓦格纳的设计。

1992年开始，因为一些已经停产的商品的复刻，瓦格纳和卡尔·汉森父子公司的合作又开始了。Y型椅虽然一直在生产，不过从1969年开始的20年内一直都没有新商品。[1]最早复刻的椅子是CH29（锯架椅，Sawbuck Chair）。

公司试图推广Y型椅之后的第二把椅子
但客户对Y型椅情有独钟

日本的新销售系统已经逐步顺利发展起来了。然而1996年，尼尔斯·休伯病倒了，并于同年11月去世。其后卡尔·汉森父子公司就买下了休伯国际株式会社和De-sign株式会社的全部股份，使得后者成为了100%丹麦资本的公司。

尼尔斯·休伯病故后，日本公司的成员继承了他的遗志，继续维持公司运转，销量也顺利提升。Y型椅不需要什么特别的经营手段仍会有源源不断的订单。不过公司内部进行了讨论，认为有必要创造第二把甚至第三把能和Y型椅匹敌的椅子。

＊1 就任卡尔·汉森父子公司第三任CEO的尼高（任职时间是1962—1988年），由于出身会计领域，所以对设计和制作等都不甚了解，似乎和瓦格纳相处得也并不好。

经讨论后，候选对象定为CH36和CH29，不过Y型椅仍然受到客户的欢迎。CH36从座面往下和CH24（Y型椅）在结构上非常相似（座面是纸绳编织），并且没有扶手，因此在狭窄的空间里同样易于使用。当坐在CH36上，因为背部要挺直，所以胃部不会有压迫感，相比Y型椅更适合在进餐时使用。不过Y型椅可以以歪斜的姿势落座，半圆形的扶手可以支撑上半身和手腕，用餐后可以就这样放松一下。

CH29虽然坐着舒适，但是座面的倾斜度过于陡峭，不太适合作为餐椅使用。关键是有很多人表示，它看起来可以折叠，但实际上并不可以折叠[1]。

当时，De-sign株式会社几乎每年都会参加各种展会，比如每年在晴海（位于日本东京中央区）的展示场举办一次的东京国际家具贸易展览会（1993—1995年，1997—2001年，2003年，2007—2008年）、搬迁到东京国际会展中心（Big Sight）的室内装潢生活方式展（2006—2009年）以及东京设计师周（Tokyo Designers' Week）展览（2006—2009年）等。

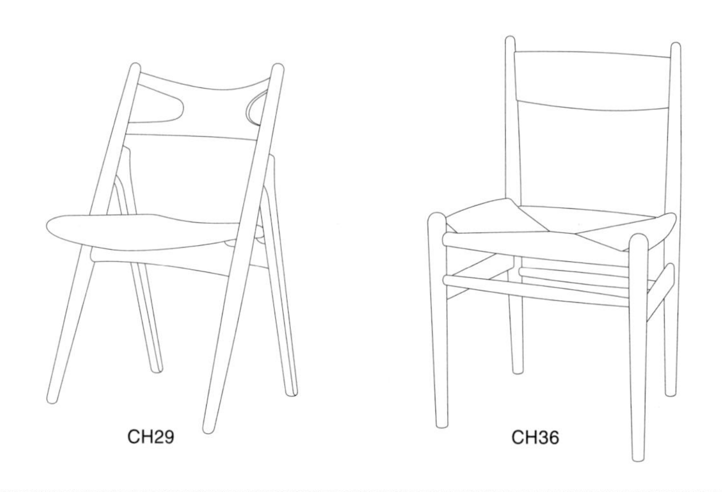

＊1 CH29的通俗称呼是锯架椅（Sawhorse Chair或Sawbuck Chair），设计于1952年。锯架指的是用锯子切割木材时用的一种工作台，具有倒V字形腿。由于形状相似，就成了该椅子的通俗称呼。椅子只用少量零件制成，包括座面胶合板在内的零件总数为8件。当前产品具有双层胶合板座面，因此零件数为9件。

“自己经营自己”的Y型椅 年产量达到17 000把

1990年代以来，基本上每个月和建筑、室内装潢有关的杂志都会刊载介绍Y型椅的文章。建筑杂志上刊载的建筑照片里也常用到Y型椅。出于摄影需要，Y型椅也有出租业务，时常被出租给地方上的室内装潢店铺以举办活动。

这简直就像是椅子自己在经营自己一样。自1990年De-sign株式会社成立以来，一直到2010年的20年内，Y型椅共在日本售出约10万把（相关内容可参考第24页的*1）。

2002年，丹麦总公司的CEO由乔根·格纳·汉森的弟弟克努·埃里克·汉森接任。工厂从欧登塞搬迁到了奥鲁普[2]，并且完善了机械化。2003年10月，日本分公司的名字改为“卡尔·汉森父子日本株式会社”，在休伯国际株式会社时期就一直经营的位于东京涩谷西原的展览室也搬迁到了南青山。此外，进行物流、检查工作和座面更换工作的仓库从De-sign株式会社成立时就留在了东京，现在依然在东京的调布市。

奥鲁普的新工厂采用了更为机械化、产能也更高并且可以提供品质稳定的产品的系统。

Y型椅在刚发售时因销量不佳的缘故在哥本哈根只有两处店铺在售卖，而发售后过了50年光景，在2001年的一年内，Y型椅就被制造了17 000把。

汉斯·瓦格纳因为健康问题于1993年退出了生产前线，并于2007年1月26日以92岁高龄辞世。同年2月10日的《朝日新闻》晨报上刊载了关于瓦格纳辞世的文章。瓦格纳在职业生涯中为世人留下了500多把椅子，其中制造

*2 奥鲁普，位于欧登塞以西20公里处，菲英岛西部的城镇。

得最多的椅子就是CH 24（Y型椅）。

在2001年2月出版的丹麦室内装潢杂志*BO BEDRE*中，以“ARVTAGERNE”（继承人的意思）为题，刊载了瓦格纳、莫恩森、雅各布森以及克耶霍姆的子孙们所说的话。其中，瓦格纳的长女玛丽安娜·瓦格纳所述如下：

整理父亲的设计的工作持续了8年，很难明确说清家父究竟设计了多少件家具，不过制造出实物的家具就有800～850件，留下的图纸有2500张之多。

「Yチェア」デザイン

ハンス・ウェグナーさん（デンマークの家具デザイナー）米紙ニューヨーク・タイムズが8日までに伝えたところによると、1月26日、コペンハーゲンで死去、92歳。

世界的に知られる家具デザイナーで、背を支える支柱が「Y」字形の「Yチェア」は日本でも人気。同紙によると、1960年の米大統領選で民主党のケネディ候補が共和党のニクソン候補に勝利する大きな要因になったテレビ討論で、両候補はウェグナーさんのいすに座った。（共同）

『Y型椅』设计

汉斯·瓦格纳先生（丹麦家具设计师）据美国报刊杂志《纽约时报》在8日报道，于1月26日在哥本哈根去世，享年92岁。

瓦格纳先生是举世闻名的家具设计师，他设计的『Y』字形靠背支撑的『Y型椅』在日本也享有很高的人气。《纽约时报》还指出，1960年的美国总统选举中，在民主党人肯尼迪后来胜出共和党人尼克松的关键电视辩论会上，两名候选人当时使用的就是瓦格纳先生设计的椅子。（共同社）

刊载在2007年2月10日的《朝日新闻》晨报上的瓦格纳去世的报道。（共同社发布）

日本分公司存在的另一个意义是应对仿造品

瓦格纳去世几个月后，需要卡尔·汉森父子公司日本分公司处理的事件就是应对仿造品的出现。就好像是等着瓦格纳去世一样，仿造品也在这个时间点上出现了（参考第5章）。实际上De-sign株式会社成立时就有仿造品的问题，一家出售西班牙制Y型椅产品的家具店曾被警告停止销售。仿造品被挂在事务所后面仓库的一根柱子上。从远处看，涂成黑色的仿造品很难分辨出与真品的区别。但首先，座面的编织纹理就不一样，细节松散，倒角不光滑，拐角尖锐，接缝处充满缝隙。那时因为机械还不够发达，没法低价买到加工机器，所以很难仿造出像Y型椅这样的木制家具仿品。不过此后经过20年左右，仿造品就出现了。

西班牙制造的外形酷似Y型椅的仿造品。

不仅在日本，世界各地的制造商都将其工厂迁至劳动力成本较低的地区，因此这些地区的技术和设备都得到了增强，也就有了制造仿造品的基础。而后又因为经济不景气、通货紧缩的进一步加剧以及对廉价产品的需求增加，仿造品便出现了。二战后，原本是日本方面制造仿造品并出售到海外，现在却变成了海外工厂制造仿造品，而日本变成销售对象了。60年后，仿造品制造国发生了改变，但是防止仿造品出现的相关环境却没有什么进步。

为应对Y型椅的仿造品而注册了三维商标

2011年6月30日，各大报纸都刊载了大幅和Y型椅相关的文章。文章在网上的新闻相关站点也可以看到，因此信息传播得非常快。从那天早上开始，短短几天时间内卡尔·汉森父子公司日本分公司接到大量来自交易方的关于文章内容的咨询电话和邮件，每日都疲于应对。

文章内容是日本知识产权高等法院裁定Y型椅（CH24）是三维商标。正如前文所述，Y型椅是丹麦的汉斯·瓦格纳应卡尔·汉森父子公司的委托，于1949年设计的椅子之一。在其一生设计的500多把椅子中，Y型椅是生产最多并且现在还在销售的。就算不知道设计师的名字，也不知道是在哪里制造的，还是有不少人在电视广告和杂志等地方看到过这把椅子。

Y型椅应对仿造品的结果，就是三维商标注册的文章被报纸等媒体报道。那么，为什么必须要取得三维商标注册呢？三维商标又是什么呢？仿造品究竟又是怎么一回事呢？请看下一章的详细描述。

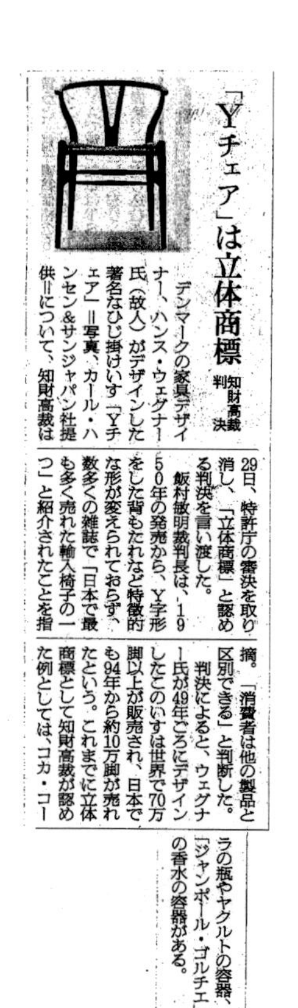

「Yチェア」は立体商標 知財高裁判決

デンマークの家具デザイナー、ハンス・ウェグナー氏（故人）がデザインした著名なひじ掛けいす「Yチェア」＝写真、カール・ハンセン&サンジャパン社提供＝について、知財高裁は29日、特許庁の審決を取り消し、「立体商標」と認める判決を言い渡した。

飯村敏明裁判長は、1950年の発売から、Y字形をした背もたれなど特徴的な形が変えられておらず、数多くの雑誌で「日本で最も多く売れた輸入椅子の一つ」と紹介されたことを指摘。「消費者は他の製品と区別できる」と判断した。

判決によると、ウェグナー氏が49年ごろにデザインしたこのいすは世界で70万脚以上が販売され、日本でも94年から約10万脚が売れたという。これまでに立体商標として知財高裁が認めた例としては、コカ・コーラの瓶やヤクルトの容器、「ジャンポール・ゴルチエ」の香水の容器がある。

“Y型椅”注册了三维商标

知识产权高等法院判决

关于已故丹麦家具设计师汉斯·瓦格纳设计的著名椅子“Y型椅”——照片由卡尔·汉森父子公司日本分公司提供——知识产权高等法院于29日取消了专利局的审决，宣告了对“三维商标”的承认。

饭村敏明法官指出，该椅子从1950年发售以来，Y字形靠背等外观特征没有发生过改变，并被诸多杂志介绍为“日本最畅销的进口椅子之一”这一事实，做出了“消费者能够将其与其他产品区分开”的判断。

判决中指出，瓦格纳先生于1949年设计的这把椅子在全世界售出超过70万把。据称在日本，从1994年起累计售出约10万把。以往被知识产权高等法院认定为三维商标的例子有可口可乐的瓶子、养乐多的容器以及“让-保罗·高提耶”的香水容器等。

2011年6月30日《朝日新闻》晨报上刊载的关于三维商标注册的文章（实际刊载版面做了部分布局的改动）。

第 5 章

Y 型椅仿造品的分辨方法和防伪对策

Y 型椅的三维商标注册之路

近年来许多受欢迎的椅子的仿造品（复制商品）大量售出。还诞生出了“同款（generic）家具”这种词。以前Y型椅也出现过10多种不同的仿造品。卡尔·汉森父子日本分公司注册了三维商标以阻止这种仿造品的销售（负责这件事的是本书共同作者坂本）。本章节将会介绍真品和仿造品的分辨办法，以及注册三维商标的过程，还会对“同款家具”做一番考察。

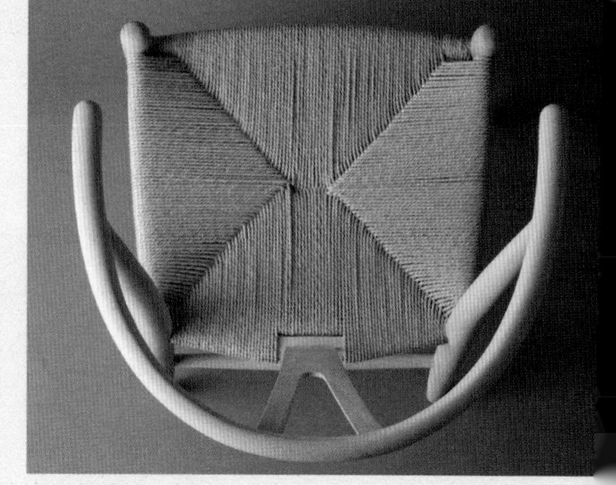

哪个是真的？哪个是假的？

照片上的Y型椅中，混入了仿造品。请观察一下哪一把是真的，哪一把是仿造的。
答案在第136页。

1　各种形式的Y型椅仿造品轮番登场

“同款”仿造品不断增加

这是从业务合作伙伴在2007年，也就是汉斯·瓦格纳去世那年给卡尔·汉森父子日本分公司打来的电话开始的：“一些供应商在做一些奇怪的事情，麻烦检查一下。”

当我浏览合作伙伴提供的网站时，看到了一张工厂的照片。在照片上的工厂里，正处于生产过程中的Y型椅被摆成了一排。但是看起来和丹麦的工厂有些不一样的地方，比如用角凿制成的榫孔和较窄的材料制成的层压材料。由于在丹麦绝对不可能有这样的制造方式，所以通过这几张照片马上就可以知道这是仿造品的制造工厂了。这个主页是我以前收藏过的日本零售商的页面。

主页上除了Y型椅之外，还刊载了一些和丹麦家具制造商在售商品同样设计的家具。因此我咨询了丹麦大使馆，并以包括卡尔·汉森父子公司在内的五家丹麦制造商的名义，从大使馆向该零售商发送了停止出售的警告信。当然，像这样简单地制止销售是不可能的，其间贩卖仿造品的网店依旧在增加，“同款家具”的种类也在增加。

从非常相似到严重失真，仿造的精度千差万别

Y型椅的仿造品从第一次出现到三维商标注册约4年间，出现过10种之

多。从看起来非常相似的仿造品到外形严重失真的，千差万别。价格约为1万~4万日元，是原版价格的一半到四分之一左右。其中还有商店把3把一套的仿造品以差不多1把原版的价格出售。

仿造品的商品名称原样使用了卡尔·汉森父子公司的注册商标“Y型椅”和“汉斯·瓦格纳”等，在某些情况下明确知道侵犯了商标权的时候，销售商也会使用“Y形餐椅”、“Y扶手椅”、“北欧椅”、“纸绳椅”或“H.J.W椅”等容易让人联想到Y型椅的词语来表示。

商品说明即便明确注明了“X国制造”，仍会使用“由汉斯·瓦格纳设计”、“X国制造的卡尔·汉森公司的Y型椅复刻品”、“汉斯·瓦格纳的超人气产品”、“Y型椅的复制品”和“原版产品忠实再现”之类的说明，并引用瓦格纳的简历和样貌照片等。

针对这种情况，卡尔·汉森父子日本分公司开始考虑采取措施打击仿造品，致力于注册Y型椅的三维商标。请参阅从第142页开始的详细内容。在此之前，让我们先来比较一下真品和仿造品的区别。

2 Y型椅的正品和仿造品的对比

仿造品以仿造外形为优先

仿造品和真品的Y型椅有很大区别。不过就算是仿造品，也有很多种类：有一眼看不出区别的相对高质量的仿造品，也有即便明确标记着“Y型椅”、“汉斯·瓦格纳”却也只有背板的Y字形和半圆形扶手多少有点相似的仿造品。即使是看起来与真品很相似的仿造品，一眼看上去也有些杂乱感，总觉得哪里有些问题。越是完美的设计，失去一点平衡就会越让人觉得不舒服。椅子的尺寸稍有变化，落座的感受就大不相同。连接部位加工方式的选择，对耐久性和制造过程的效率等也会有很大的影响。

最明显的区别是后腿顶部的曲线。这条曲线不够平滑整洁的话，就会成为杂乱感的原因所在。不只是后腿，各部件的倒角处加工不够顺畅的话也会产生这样的感觉。

连接部分的榫肩通常采用能让椅子可以长时间使用而不会断裂的设计，加工时需要格外小心，这样制造出来的椅子通过修理也可以使用很长时间。而对仿造品来说最优先的是要有样子，各个连接部分的处理就多有缝隙，给人以粗糙不用心的印象。甚至有些仿造品为了防止榫头脱出，卯榫侧面就需要用钉枪（打钉机）打入钉子。这样做，虽然榫头不容易脱出，但是修理时特别麻烦，徒有其形就容易损坏。我觉得考虑好损坏时要怎么处理，也是造物时重要的一环。

座面使用纸绳以外的素材的仿造品

有些仿造品使用比较薄的材料，层压成比较厚的材料后，再加工切削出各部件。直径25mm左右的拉档也使用这样的层压加工方式，部件表面就会有层压出来的线条。如扶手和后腿也使用同样的加工方式，会导致椅子上下到处都是接缝。

据我考证过的范围来看，曾在日本销售的Y型椅的仿造品就有10种之多，如果算上座面不是纸绳编织的，以及材料、涂装不同的，至少还要翻倍。

那么就让我们看着真品和仿造品的照片来比较细节吧。仿造品也有许多种类，以下介绍其中的3种。

形式各异的仿造品

De-sign株式会社刚成立时出现的仿造品（西班牙产），座面的纸绳编织方式明显和真品不同。

这是一把疑似用斑木树的木材制造的椅子，卡尔·汉森父子公司未曾使用过斑木这样的东南亚木材。

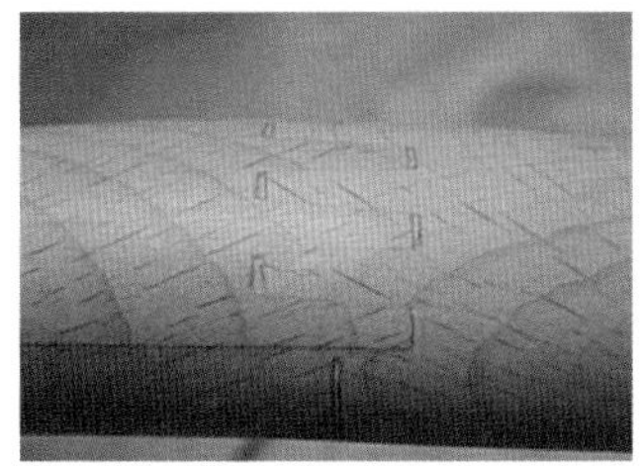

层叠后使用指形榫连接起来的几处。在这张照片中，3块山毛榉木材被连接到了一起。

扶手使用指形榫连接的椅子，照片上虽然看不清，不过扶手上使用了指形榫把材料连接在一起。此款椅子使用的是胡桃木材，也有使用山毛榉木材的同款椅子。

真品和仿造品的比较

在第130页和第131页上刊载了真品和仿造品对比的照片。真品是第130页左侧和第131页左侧这两张。第130页右侧和第131页右侧这两张则是仿造品。

这个仿造品是当时（2007年左右）在售的Y型椅的仿造品中品质最高的一把。即便如此，整体还是给人以不协调的印象。乍一看可能没法区分，但是从细节来看，差异是显而易见的：后腿的形状和厚度等粗糙度很明显。

1990年制造于欧登塞老工厂的Y型椅。

2008年制造于欧登塞新工厂的Y型椅。

仿造品。背部相比真品稍加倾斜。

椅子（仿造品）是往右侧歪斜的，组装角度未能保持固定。

[1] 细节比较

背板(Y部件)

真品使用的是模制胶合板，确保了柔韧性和稳定性，厚度为9mm。这个尺寸易于弯曲和组装，具有柔韧性。仿造品的厚度则是6mm，使用了比真品稍薄的实木材料。可能是因为9mm的实木材料无法弯曲组装，所以将背板厚度减薄至6mm。

仿造品的背板和正品的摆在一起观察，可以看到仿造品的背板更薄，并且呈现一条直线。

从侧面看背板。左：正品（模制胶合板）；右：仿造品（实木）。

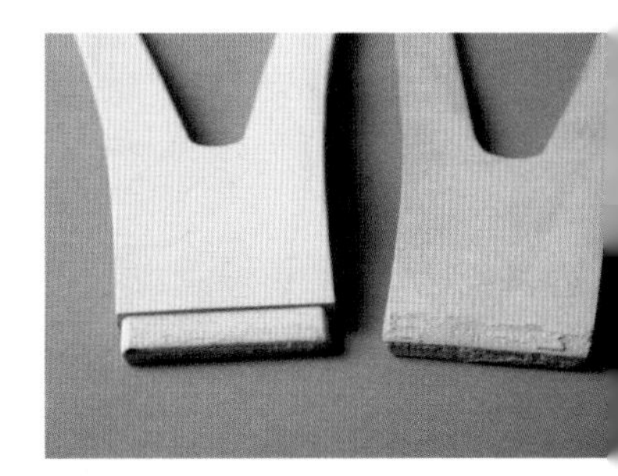

对比背板和座框的后坐档连接部位的榫头，可以看出仿造品（右）上没有榫肩。

腿

要复制后腿的曲线是最难的。锥度的选择非常考验审美和技术，从照片上看，仿造品就像是有赘肉一样的曲线（最粗的地方，真品是40mm，仿造品是42mm），后腿切面根本不是圆形的，摸上去有凹凸感。显然，仿造品没有使用木材复制机，而像是用锉刀直接锉圆的，甚至还留有锉刀的痕迹。

把仿造品和正品（左）的后腿放在一起观察。

把仿造品和正品的前腿放在一起观察。

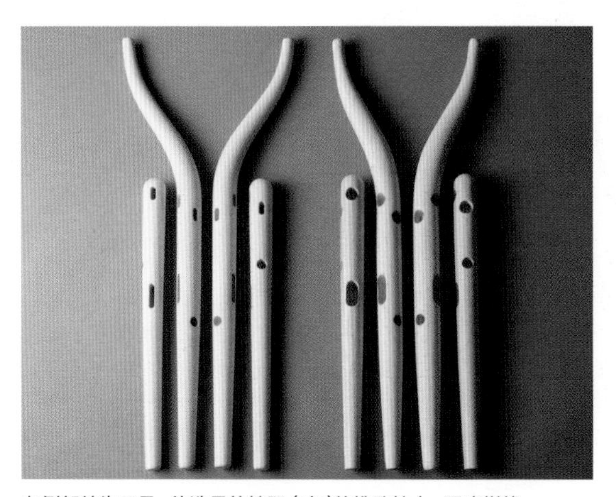

左侧部件为正品。仿造品的椅腿（右）的榫孔较大，强度堪忧。

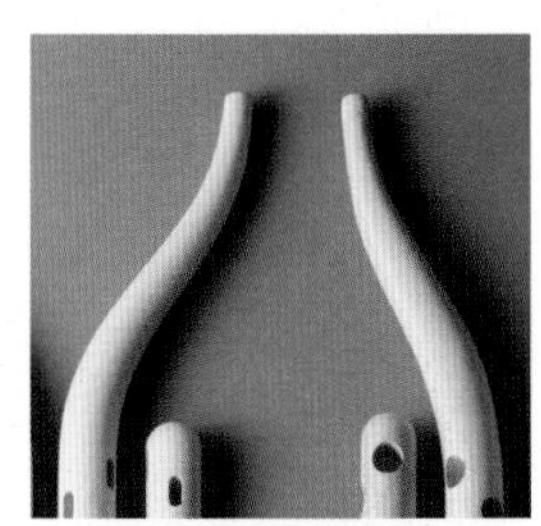

后腿的上部。正品的椅腿（左）上最粗的地方是40mm。仿造品的椅腿（右）上是42mm。

扶手（左：正品；右：仿造品）

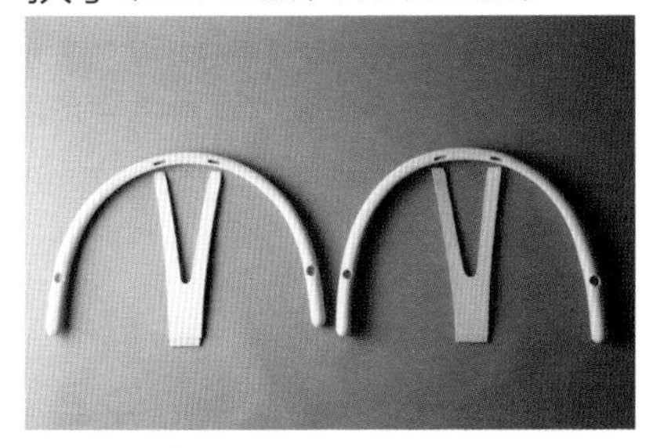

仿造品（右）的扶手稍长，约3cm。由于和后腿以及背板（Y部件）的连接处间隔变长，仿造品的背部向后倾斜得更多（参考第136页左下侧的照片）。

座框（左：正品；右：仿造品）

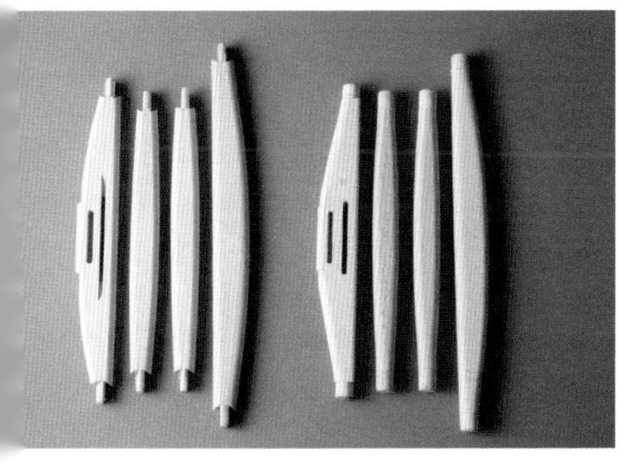

拉档（左：正品；右：仿造品）

纸绳

纸绳的材质也不一样。照片上，仿造品的座面使用的是直径4mm的编织型纸绳。虽然看起来强度没有问题，不过因为编织的时候不够紧致而留有缝隙，使用数月就会松弛。编织方式和“20年前左右常见的Y型椅的编织方式”（参考第6章）一样，可能是那个时候看到了Y型椅然后仿制的。从扶手的倾斜度以及腿尖端的形状，可以看到很多和2003年之前的旧款Y型椅相似的地方。

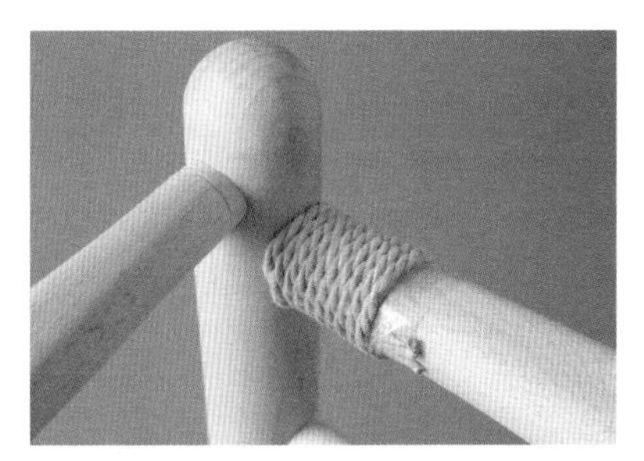

上下两张照片都是仿造品。纸绳编织最前面的部分未使用钉子固定，而是使用了胶带。

[2]　连接部分的比较

仿造品连接部位的缝隙很显眼，基本上所有的连接部位里面都使用了黏合剂。究其原因应该是榫头的加工方法和精度问题。真品Y型椅上的榫头除了前拉档、后拉档和椅腿的连接部分，以及扶手和后腿的连接部分以外，都是有榫肩的。而仿造品上只用圆榫头或者大型接头连接。

仿造品简化了榫肩设计，可以看出在简化生产方面所做的努力。然而如果榫头上没有榫肩部分，那么不管如何正确加工榫孔，最后连接部分的尺寸和连接角度都没法统一固定。因此仿造品就会产生杂乱的感觉。

此外仿造品的拉档位置也有些微妙的偏离。如果测量过真品再仿制的话不应该会有这样的偏差，看来是没有那么"忠实"地模仿真品。可能是由于仿制了其他工厂制作的仿造品，所以这样的尺寸偏差也就越发严重了。当然，这仅仅是我的主观臆测。总而言之，是为了快速且低成本地制造。材料拼接使用了通常因为强度问题不会用到的材料，扶手上的指形榫在仿造品上常能看到，但在真品上却没有。

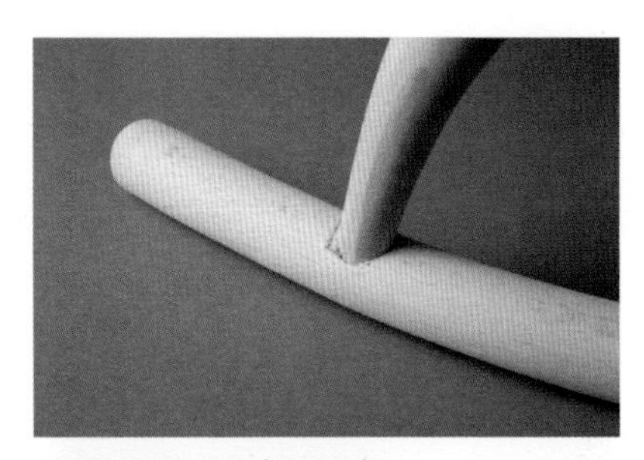

后腿和扶手的连接（仿造品）。

后腿和背板的连接（仿造品）。

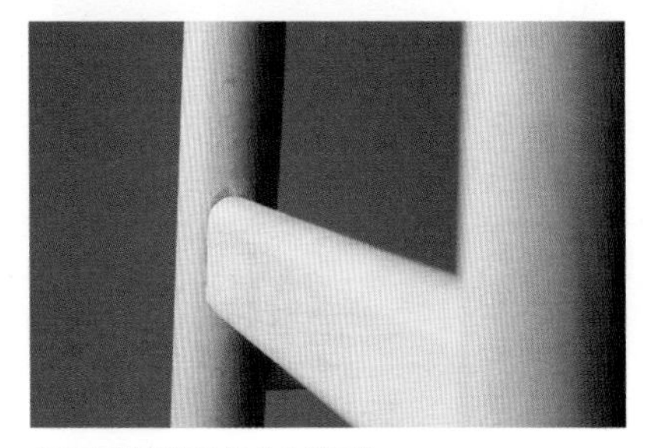

前腿和拉档的连接（仿造品）。

座框和拉档的榫头（右侧是仿造品）

去掉榫肩的榫头使得加工变得更为简单。只有在后座框上可以看到榫肩，这应该也不是下意识加工的结果，而只是为了制成圆形榫头自然形成的。这个榫肩并不能完美贴合侧腿，不过在纸绳编织上去后会被隐藏。

左侧，可以看到组装前的座框和拉档等真品的部件。右侧是仿造品的部件，是拆解全新的成品后得到的。像这样可以简单拆解甚至连破损都不会产生，正是加工和连接部分有问题的证据。

拉档的榫头和后腿的榫孔（右侧为仿造品）。

后腿和座框的后坐档的连接（仿造品）。

3 Y型椅的三维商标注册

仿造的Y型椅主要在网店销售

2007年，Y型椅的仿造品开始出现在市场上。得知仿造品销售商存在的消息后，卡尔·汉森父子日本分公司就开始采取措施打击仿造品了。为了解情况，在因特网上的搜索引擎里输入“Y型椅”和“汉斯·瓦格纳”等关键词就可以轻松找到仿造品。仿造品甚至比真品排在更显眼的位置。由于数量过多，以至于在网络上迅速扩散，公司烦恼至极，不知从哪里开始处理。

因此，公司从商标权、外观设计权、《防止不正当竞争法》等角度去考虑应对仿造品的措施。

[1] 商标权方面的对策

向销售商发送了近100封商标侵权警告信

商标是“产品或服务提供商将其与其他公司的产品或服务区分的标志”。标志包括字母、数字和符号。商标权是“独家使用在专利局注册过的商标的权利”。

当时（2007年）卡尔·汉森父子日本分公司拥有商标权（与名称相关）的有“Y型椅”“汉斯·瓦格纳”“卡尔·汉森父子日本”三个商标。“Y型椅”和“汉斯·瓦格纳”是在De-sign株式会社成立时期就已经提交申请注册过的。对于侵犯这些商标权的情况，公司会向仿造品销售商发出警告信，要求禁止使用该商标。

只要有正当权利就不难让销售商停止使用商标。不过一旦商标权侵犯的事件层出不穷，就必须发出警告信。如今因特网上的销售量不断增加，网店也遍地开花。结果就是一团乱麻，难以应对。

发给Y型椅仿造品销售商的警告信包括单独发出在内的有近100封了。信中明确表示这是侵犯商标权的行为，并要求其停止对商标的未经许可的使用后，大多1～2周时间内销售商就会从主页上删除侵权内容。

然而最关键的是，仿造品本身并没有消失。只考虑商标权（与名称相关）的话，仿造品的销售商只要给椅子另起一个名字就可以规避商标权侵权的问题，继续出售。但实际上在考虑是否存在仿造行为时，必须结合《防止不正当竞争法》才能做出判断。

根据《供应商责任限制法》处理网店的商标侵权

在因特网上的搜索引擎里输入“Y型椅”后，仿造品会排在结果前列，这件事情本身是否就可以被认为是侵犯了商标权呢？因为出售仿造品的销售商为了诱导客户点进自己的网站，使用了“Y型椅”和“汉斯·瓦格纳”等注册商标作为元标签[1]，从而不正当地诱导客户进去，有可能对商标权拥有者拥有的商标的功能（出处表示功能）造成侵害。然而在当时（2007年），未经许可地使用他人的商标作为自己元标签的行为，在日本并不能直接判断为对商标权的侵权。在认定网站上存在对商标权和著作权的侵害后，可以根据“供应商责

＊1 元标签（META Tag），为了让搜索引擎能够显示用户输入的关键词，相关网站的HTML代码，用于诱导客户进入目标站点。由于在浏览器上不会显示出来，所以因特网用户无法看到。不过打开浏览器的源代码显示功能后，人们就可以看到元标签，搜索引擎有时候也会显示元标签。此外根据描述性元标签（description meta-tag）或者关键词元标签（keyword meta-tag）也可以认定侵犯商标权。［2005年12月8日通过，大阪地方法院2004年（普通一审诉讼案）12032］

参考：日本专利律师协会档案馆出版的《元标签的使用和商标权的侵犯》（酒井顺子著）。

任限制法”[1]采取措施。对于由乐天和雅虎管理的网店，在收到商标侵权报告后，网店的管理经营者就有必须删除侵害权利的内容的义务。根据“提交防止传播侵犯商标权的商品信息的措施”的规定格式，明确标注侵犯权利的内容和所持权利并且提交之后，就可以要求网店方面删除侵犯权利的信息。尽管具有可以针对每个管理运营团体集中处理的优点，但由于需要为每个商店单独制作申请表，卡尔·汉森父子日本分公司还是花费了很多时间和精力。

同款、复制、复刻……
仿造品用好听的词偷换概念

Y型椅的仿造品常用“无标”和“复制”等词替换说法，以“同款家具”这个家具分类的形式出售，相比仿造品、复制商品、仿造品、山寨商品、疑似商品等词听上去要好听多了。

同款（generic）这个词原本的意思是由“general”引申出来的“普通的”的意思，在医药界指的就是仿制药。专利权已经到期的药物，由于其仿制药已经没有研发成本，所以可以低价出售[2]。从仿制药的名称开始，generic这个词也就在民间流传开了。

那么可以说原药和仿制药是一样的吗？仿制药是在取得原药许可后生产的，但是厂商不同，有效成分就算一样，药效也可能产生差异。比如说配方专利尚未到期时，就必须更改药物的形状，那么药物在人体内溶解的位置和速度自然就会发生变化，作为仿制药销售的药物之间也会有微妙的不同。

使用了“同款”这个词之后，某些外观设计权已经到期的家具等工业制品

＊1 正式名称为“关于特定电信服务提供者的损害赔偿责任限制及向服务提供者请求提供传输者信息的法律”。

＊2 有四项药品专利，它们是“物质专利”、“配方专利”、“制造方法专利”和“使用专利”。其中最重要的是“物质专利”，这是该药物有效成分的专利。就仿制药而言，有些仅使用了这些有效成分。也就是说，为了控制这些有效成分在某个地方起效而添加的添加剂。药物形状（片剂、胶囊、粉末等）和原药即便不一样，在获得批准后也可以以“对某种症状有效的药物”的形式出售。

就被称为“同款家具”了。对于“同款”这个词，我其实并不想多提，但是在解释的时候不可避免需要使用。

[2] 外观设计权方面的对策

外观设计权具有新颖性和工业设计等方面的条件

所谓外观设计权，简而言之就是“独家使用物品的设计的权利”。法律上对其有如下定义：

“产品的形状/图案或色彩或其结合，通过视觉能引起美感的设计。”（引用自《外观设计法》第2条）

外观设计权并非保护所有的设计，需要满足一定的条件，比如工业实用性（工业设计）、新颖性（新颖程度）、创作不易性（无法轻易创作出来）等。因此，不适合工业用途的艺术品被排除在外。

外观设计权的保护期为自注册起的20年（现行的《外观设计法》于2007年4月1日起生效，而在此之前保护期为15年）。Y型椅尚未注册外观设计权，所以不受保护。在新颖性方面，由于在宣布外观设计几十年后已经缺乏新颖性，因此就不可能再行注册。由于上述理由，无法从外观设计权的角度去消除Y型椅仿造品的出现。

同款家具生产商的主张是“已经过了保护期，所以可以制造销售”

取得外观设计权需要时间。为了防止在提出外观设计权申请到注册成功的期间出现仿造品，商品在外观公布之后的3年内是受《防止不正当竞争法》保护的。此外，获得外观设计权之后的保护期为自注册起的20年。

“同款家具”生产商的主张是“外观设计权过期之后就已经进入公共领域（即成为公共财产）了”。但这是正确的解释吗？工业产品的设计是否可以和药物一样考虑？在看待仿造品时，也有必要从整体上考虑与其相关的多个法律。另外，司法机关的判断根据当时的状况也会发生变化。

成为仿造对象的家具等工业产品，都设计于1940年代至1960年代，并且是现在仍在生产中的长销产品。换言之，是长期获得需求方（不仅有消费者，还包括进行业务往来的企业等）支持的、能切实销售的商品。Y型椅也包含在其中。这就是“同款家具”制造商希望出售与流行产品类似的东西并加以利用的原因。

是否违反《防止不正当竞争法》只能通过审判来确定

如果不能用外观设计法来保护，看似就没有其他办法了，不过其实还有一项法律叫作《防止不正当竞争法》。从字面上看，这是一种防止不正当竞争的法律，防止通过不当手段获得竞争对手的信息，禁止虚假陈述、模仿周知或著名商品的形态的行为。

自仿造品从1940年代到1960年代被设计出来，现在仍在继续制造生产的“同款”和“复制”商品，有可能已经触及《防止不正当竞争法》了。那么，法律是怎么定义“仿造”的呢？《防止不正当竞争法》第2条第5款描述如下：

“在本法中，‘仿造’指的是根据他人的商品的形式，制造出本质上相同形式的商品的行为。”

描述十分简单明了。那么“违反《防止不正当竞争法》的行为”又是怎么定义的呢？《防止不正当竞争法》第2条第1款第1项和第2项的摘要如下所示（实际条文请参考第149页）：

“为了出售或者为了出售而展示、使用和在消费者中广泛认知的（周知或者著名）商品或者商品表述同种或者相似的商品及表述，对他人的商品或经营产生混淆的行为（引发周知表述混淆的行为）。”

判断是不是周知，需要考察“根据长期使用、宣传广告和销量等，‘其形态是特定制造商的商品’是否已经广为消费者所周知”后才能确定。简而言之就是“商品历经长年累月，与制造销售的公司名一起广为世人所知，为多数人所用”这点。此外，“混淆”不需要实质上发生过，只要有产生混淆的可能性就够了。

“周知”和“著名”（类似“有一定影响的”和“驰名”）是有区别的。对于被认定是著名的商品，即便仿造不会产生混淆也一样会被视作不正当竞争行为。著名是比周知更上一层，更加为普通人所知的。

评判“周知”和“著名”的是法院。不过对于仿造品销售商来说，在主张了侵犯商标权及违反《防止不正当竞争法》之后，虽然现实中可以制止对商标的未经许可使用，但是仿造品本身的销售不会停止。商标权在注册之后就成立了，但是否违反《防止不正当竞争法》必须要经由审判确定。换言之，直到审判之后才能判定是否为仿造行为，而仿造品销售商就是利用这一点来继续销售仿造品的。

当出现仿造品时，我们将根据前文提及的三项法律（《外观设计法》《商标法》《防止不正当竞争法》）考虑对付假冒产品的对策，但实际进行审判需要时间、精力和成本。更重要的是如果不走审判流程就不知道结果会怎么样，很令人丧气。对于制造正品的制造商来说，这是一个十分恼人的问题。实际上，Y型椅就曾处于这种情境下。在日本的法律环境中，所谓的同款和复制产品非常普遍。

（《防止不正当竞争法》第2条第1款第1项和第2项）

第2条第1款第1项

使用相同或类似众所周知的他人的姓名、商号、商标、商品的容器包装或其他表明是他人商品的标记，或者转让、交付使用了该商品标记的商品、出于转让或者交付目的展示、出口、进口或者通过电气通信线路供应的，以致与他人的商品发生混淆的行为。

第2条第1款第2项

使用相同或类似众所周知的他人的姓名、商号、标章或其他表明是他人营业的标记，或者转让或交付使用了该商品的标记的商品、出于转让或者交付目的展示、出口、进口或者通过电气通信线路供应的行为。

[4] 为什么Y型椅需要注册三维商标

通过主张著作权来应对并不现实

如上所述，即便基于商标权、外观设计权和《防止不正当竞争法》认定仿造品并发出警告，但未经审判还是无法认定是否为仿造品。对于仿造行为发出的警告虽然可以防止对于文字商标权的不正当使用，但是却无法制止仿造品本身的出售，事实上到主张权利的阶段就结束了。如果是这样的话，我想很多人对著作权该如何是好会抱有疑问。

《著作权法》条文中丝毫没有将应用美术[1]排除在外的表述。

*1 应用美术简单来说就是"将美术运用到实用的产品中""具有实用性的美术"，和绘画及雕刻等纯粹的美术是对立的概念。平面设计、室内装潢设计、工业设计等都被称为应用美术。

著作物用创作来表现思想或情感，属于文艺、学术、美术或音乐领域的原作。（第2条第1款第1项）

本法所称的“美术著作物”包含美术工艺品。（第2条第2款）

细读这些条款后，就会涌现出“作为应用美术的工业制品又如何”的问题。简单思考后，人们也许会觉得应用美术也包含在美术工艺品里，但是“包含美术工艺品”这一表述却是单独写出来的。这是出于什么意图呢？专家们的意见是“美术工艺品即观赏物品”，所以把应用美术排除在著作权保护对象外。然而事实上，椅子等生活用品如今也被放在美术馆展示、供人鉴赏。对于应用美术来说，作为实用物品的功能性自然是必要的大前提，但我认为其中也有“供人观赏的美术要素”以及“创作者的思想”等含义。对于应用美术的著作性，专家之间也有不同的见解，是否列为著作权的保护对象也因国家不同而异。[1]

像这样含糊的条文令仿造品问题变得更加复杂。在判断著作权时，只能以过往的判例为基准判断，而在过去有好几例作为应用美术的工业制品的著作性未获得认可的判例。[2] 很可惜的是在2007年时，基于这样的状况来判断，依据著作权来应对属于应用美术的Y型椅的仿造品问题是不现实的。

以注册三维商标为目标并非进行民事诉讼的理由

在确认仿造品出现之后，卡尔·汉森父子日本分公司就立刻和专家一起商讨了将来面对仿造品问题的应对措施。（坂本）这时候就想起在几年前读过的书中曾提到关于三维商标的事情。

＊1 以下是关于各个国家/地区对于应用美术的著作性的几点说明。法国：在《著作权法》中明确表示了“应用美术的著作物”是受保护的对象。美国：明确表示“外观相关能够引起注意或者具有特征的实用物品的创造性设计”属于保护对象。丹麦：应用美术和电影、照片、艺术及建筑同属于保护对象。意大利：带有“具有创造性或者艺术价值的工业设计的著作物”条件的被视作保护对象。

参考：CRIC著作权信息中心的数据库

＊2 1990年2月14日，家具设计师新居猛就其为世人所认可的折叠椅（Nychair）的著作权侵害一案诉诸法院，判决结果是“作为兼具实用性的审美创作物受到了《外观设计法》等工业所有权法的保护，除了这个例外，其自身剥离了实用面和功能面之后不能说是一件完整的美术创作物而可以成为审美对象的作品”。

在当时的会议上，还提出了对假冒产品经销商提起民事诉讼的提议。为了主张其是依据《防止不正当竞争法》对Y型椅的仿造，就必须要证明“具有辨识自有和他人商品的能力”[3]和“周知著名性”[4]。也就是说，要证明Y型椅在消费者之间被广泛认知，即消费者看到商品后就能知道是Y型椅。

不过民事诉讼也存在问题。赢得审判后可以获得损害赔偿，对于出售同样的仿造品的销售商也可能具有威慑作用。但如果出现另一个出售仿造品的销售商，就要重新提起诉讼，因而陷入反复的折腾中。这样做会耗费大量时间和精力，效率却不高。

申请半永久权的三维商标，被专利局两次拒绝后最终成功注册

在提交三维商标注册申请和提起民事诉讼时，必要的证明项目基本是一样的。决定性的区别是取得三维商标之后，可以消除仿造产品本身。此外，注册之后只要续期就可以半永久地保留权利，这是非常强力的权利。而走民事诉讼途径，将由法庭裁决原告和被告的诉讼请求。就三维商标来说，只需要专利局认定即可。不过这样强大的权利并不是那么容易获得的，注册成功案例的并不多。虽然有许多难关要过，不过幸运的是当时户外手电“MAGLITE”已经取得了三维商标，我坚信Y型椅也有申请成功的可能性。[5]

2008年2月1日，我们提交了Y型椅三维商标的申请。但是事情进展并不顺利，申请被专利局拒绝了两次。由于不服专利局的判定，我们只好诉诸法

在2015年4月14日有关Tripp Trapp（由彼得·奥普斯维克设计并由挪威的制造商STOKKE制造销售的儿童椅）的判决中，二审的知识产权高等法院认定了一部分著作性[知识产权高等法院2014年（控诉事件）第10063号上诉，要求禁止版权侵权]。这份判决，在设计相关业界激起了涟漪。

＊3 具有辨识自有和他人商品的能力，指看到图形、标识和形状等就能识别出是什么商品。就二维商标来说，商标的文字本身要能够产生识别力，或者标记等平面状的图形需要具有识别力。同样地，三维商标的三维形状本身需要具有辨识力。

＊4 简而言之，在特定企业和一个地方的消费者之间有广泛认知的称为“周知”，全国性的为人广泛所知的则称为“著名”。

＊5 其他比较有名的案例还有养乐多的容器和可口可乐的容器等。

院，结果于2011年6月29日经由知识产权高等法院做出判决后，于2012年1月末确定了权利。算上申请前的准备时间，总共耗时4年以上。迄今为止，许多已经注册的三维商标都是通过这样的过程进行的注册。

日本分公司业务活动的实际业绩
有助于Y型椅取得三维商标

商标权和外观设计权可以从海外向其他国家提出申请，但是应对仿造品就是另一回事了。在这个国家发生了什么、要采取怎样的措施才能有效都需要调查清楚，因此必须要了解这个国家。当然了，专家的帮助也是必不可少的，如果对该公司和商品不够了解的话很难应付，还会导致额外费用的产生。当地的分公司存在的意义就是准确判断该国的情况并加以处理。

就Y型椅来说，仿造品出现的时机还不算太糟。日本分公司De-sign株式会社成立约20年之后仿造品才开始出现。

因此，作为公司积累了约20年的业务活动的实际业绩，其间的业务活动记录也全部完好留存。因此，公司可以准备出申请三维商标时需要的证明“具有辨识自有和他人商品的能力”以及“周知著名性”等的资料，比如销售数据和销售业务中使用的广告宣传费明细表等。

在准备立体商标申请的同时，公司也没有停止给仿造品销售商发出警告书。警告书的内容是要求“如有侵犯商标权的情况请即刻停止使用”“如有形态上的仿造，依据《防止不正当竞争法》请即刻停止仿造品的销售”。这些消除仿造品的活动实例可以作为企业努力的证据，对申请三维商标也有帮助。

在申请三维商标时提交杂志上刊载的文章和销售数据等

在三维商标申请中必须证明的第一件事是“具有辨识自有和他人商品的能力”。此外还必须明确“周知著名性”。为此，当时提交的具体证据如下：

1.杂志和书籍等刊载的文章；

2.参加展会时的照片和记录费用的凭证以及展会的与会人数等；

3.证明销售数据和地区的凭证。

Y型椅是什么样的椅子，又是如何传播到世界各地的？为了传播到世界各地，作为企业做过什么？最终在世界各地获得了什么样的评价？这些证明资料对于三维商标的申请都很必要。在Y型椅三维商标的申请过程中，本书记述的内容（杂志刊载文章等）都是其证据的一部分。

三维商标申请时需要提交的资料种类对于所申请的不同商品来说并没有太大变化。专利局的主页上也详细说明了注册案例和审查等内容，对此感兴趣的读者也可以参考。更为详细的法院判例的相关信息也可以在法院的主页上下载。Y型椅的撤销审判决定诉讼的判决，和其他三维商标申请的撤销审判决定诉讼的判决一样，任何人都可以查看。

此外，关于Y型椅三维商标的判决方面，网上有专家解说，这些也很有帮助。如果不得不对仿造品采取措施，就必须听取法律专家的意见并制定对策。司法判例会根据社会情况不同而变化。如果采取了错误的对策，非但无法取得任何成果，反而可能因为妨碍业务而被起诉。

评价在日本取得的成就，Y型椅注册三维商标的理由

就结果而言，Y型椅被判定为“具有通过使用获得辨识自有和他人商品的能力”而被接受注册三维商标。下面摘录判决书中作为注册理由的内容：

◎ 自1950年发售以来，尽管有材料和颜色不同的多种版本，但其形状的特征部分并未发生改变，并且在继续出售。

◎ 销售地区遍及日本全国各地，从资料里可以确定的内容来看，在1994年7月到2010年6月间合计售出97 548把Y型椅，这个销量和餐椅的整体销量相比不能算高，不过就单个种类的椅子来说，销量十分可观。

◎ 1960年代以来被日本国内的杂志等文章频繁介绍，并被评价为在日本最畅销的进口椅子之一。

◎ 记录在家具行业相关人员的书籍中，如室内装潢用辞典和室内装潢师考试问题集，以及初中生的美术教科书[1]中。

◎ 花费了高额费用进行大量广告宣传活动。

◎ 持续开展能够提升原告产品的周知性的活动，比如在日本国内领先的家具展会中展出、建立公司专属的展览室以及在百货商店开办展览等。从这样持续的广告宣传活动来看，原告的产品不仅为家具爱好者所熟知，也广为普通消费者所知。

[2010年（行政诉讼案件第一审）10253等要求撤销审判决定的案件商标权行政诉讼平成二十三年即2011年6月29日知识产权高等法院
（法院判决书 http://www.courts.go.jp/app/hanrei_jp/search1）]

---

*1《美术表现和鉴赏（东京都版）》（开隆堂社，2009）。

侵犯商标权将受到重罚

Y型椅的三维商标申请仅针对日本国内，其权利不向海外扩展。海外有些国家和地区的应用美术品受著作权保护，所以也不是必须通过注册三维商标的方式来应对仿造品问题。

注册三维商标之后，在日本国内就不能再出售和Y型椅相似的仿造品了。如果继续销售，就算侵犯商标权。侵犯商标权的惩罚是10年以下的监禁或1 000万日元（约合51万元人民币）以下的罚款，对公司可以处以3亿日元（约合1 524万元人民币）以下的罚款（《商标法》第78条、第82条）。另外，基于商标权可以向海关提交"进口禁令"，以防止仿造品从水路进入日本。

商标权是维持商业信誉的权利，如果续签，可以永久保留，但是权利人也有其社会责任。质量控制是其最重要的责任，如果忽视就可能会失去信誉。此外，因为靠商标权获得收益，所以不合理地提高价格就会为仿冒产品制造生存的空隙。

知识产权相关的法律和权利

知识产权的存在是为了促进人类的智力创造活动，在不正当活动中保护创造者的创造意欲和商业信誉等。

目的	法律	权利	保护内容	保护期限	管辖机构（省厅）
促进创作	著作权法	著作权	将思想或感情以创作的方式表现出来的，属于文艺、学术、美术或者音乐范畴的创作品。	创作者去世后50年（电影是70年）	文部科学省（文化厅）
	意匠法（外观设计法）	外观设计权	具有独创外观的物品（包括物品的局部）的形状、模样或者色彩，又或者它们的组合。能够通过视觉引起美感的物品。	从注册开始20年	经济产业省（特许厅）
	特许法（专利法）	专利权	利用自然法则的具有技术性想法和高技术水准的创作发明。	从申请开始20年	
	实用新案法（实用新型外观设计法）	实用新型外观设计权	利用自然法则的具有技术性想法的创作，在物品的形状、结构和组合方式上做出努力的考证。	从申请开始10年	
维持商业信誉	商标法	商标权	运用在商品和服务上的，凭借人的感官可以认知到的文字、图形、记号、三维形状或者色彩，又或者它们的结合、声音、动作等。	从注册开始10年（可以延续）	
	防止不正当竞争法		制止侵犯商业机密，伪造原产地和销售复制商品等，为了市场上的经济活动能够公正发展而制止不正当竞争行为。		

* 其他还有线路设置利用权、著作邻接权、培养者权（种苗法、农林水产省）等。

4 Y型椅的仿造品问题只是冰山一角

在二战后不久，日本成为制造仿造品的一方

像Y型椅仿造品这样的问题和二战后在日本出现过的仿造品和劣质品问题基本相同。只不过仿造品制造的买手从海外变成了日本国内，制造国从日本变成了海外，而购买产品的国家从外国变成了日本而已。[1]

自1950年代，遭受海外批评的日本仿造品相比商标权和外观设计权等问题，更多的是不正当竞争和著作权方面的问题。1959年，制定《出口产品外观设计法》[2]时，根据当时通商产业省调查的海外对日本的仿造问题的投诉资料来看，分为以下几类：

1.侵犯目标地区工业所有权的行为。也就是说，侵犯已授予的产品的权利，例如外观设计权和商标权（24.2%）。

2.满足不正当竞争行为的（75.8%）。

*摘自《出口产品外观设计法的解释与实施》（通商产业省通产局设计课）

自1950年代以来，海外的商品被介绍到日本，不过当时究竟有多少海外制造商申请了商标和设计等权利，由于没有资料可循，不甚明了。恐怕没有一家制造商申请过吧。可以推测，这些海外制造商一直到和日本制造商的合作以及成立日本分公司为止都是没有任何权利的。事实上，Y型椅在1990年De-sign株式会社成立之前也是不受任何法定权利保护的。

＊1 1957年9月27日，藤山爱一郎外相造访英国时，在电视采访中被ITV的记者诘问了日本的盗用设计的问题。根据9月28日日经新闻的文章披露，是因为当时记者展示了一个英国产的滚珠轴承的小箱子，以及日本制造的极其相似的仿造品，并询问外相想法。关于仿制英国尼龙袜的包装设计也被问到一些问题。这些包装是应英国买家的要求在日本制造的。

＊2《出口产品外观设计法》于1959年颁布，于1997年废止。旨在防止盗用和未经授权使用出口产品设计。创建了如出口商品设计的注册，以及只允许出口授权商品的机制。其目的是防止对外国商品的设计和商标的仿造。

没有提交商标权和外观设计权的申请是出于各种理由的考虑。特别是涉及应用美学的著作权问题，根据加入《伯尔尼公约》[3]的国家和地区的不同，处理方式也会有所不同，这是我觉得比较重要的理由。在自己的国家，应用美术得到保护的时候，人们可能就会认为其在出口国也能得到同样的保护。

作为对来自大使馆等的仿造盗用投诉的对策，开展“保护设计展览”

《建筑》杂志1964年3月刊上，就1964年在新宿伊势丹开展的“汉斯·瓦格纳展”办了一期专题，其中有篇文章表述如下：

据说丹麦大使馆对于这次的活动非常紧张（当然是对突然之间出现的盗用设计的问题）。年轻的家具设计师们如果能回顾一下过往，了解西洋家具的历史梗概后再去做设计，就不会产生这样的问题了吧。

丹麦的制造商和设计师似乎并不会特地为了这样的展览而在日本申请注册外观设计权和商标权等。经通商产业省调查，截至1959年9月，关于仿造海外设计的投诉有112起。虽然从数据来看并不多，不过已经足以导致日本在国际上失去信誉了。

在伊势丹举办此展览的6年前，即1958年，在日本桥白木屋开展的“芬兰·丹麦展”的同楼层还开展了“保护设计展”。在专利局出版的《设计制度120年的进程》中，对于这个展览有如下记载：

这是一场意义深远的展览，试图敦促在国际上因仿造问题而受到批评的日本工业，对设计的仿制和盗窃进行反思，并呼吁和启发公众了解设计的仿造问题。

---

*3 正式名称为《伯尔尼保护文学和艺术作品公约》。旨在在国际上保护著作权，以欧洲诸国及地区为中心，于1886年创立。日本在1899年加入条约。特点是非形式主义（在创造著作物时即产生著作权）、对本国公民的待遇（公约成员国给予其他成员国的作品与本国作品同等或更好的保护）、对应用美术作品和设计的保护（但判决依据成员国的国内法而有不同）等。就Y型椅而言，丹麦国内也根据著作权采取了针对仿造品的措施。当在日本准备申请三维商标时，卡尔·汉森父子日本分公司向卡尔·汉森父子丹麦公司发出了提供资料的合作请求，而后者在回复中询问为什么不能使用著作权来应对。

在举办“芬兰·丹麦展”时，白木屋向芬兰和丹麦两国的大使馆提出了合作申请，不过对方回答说，如果不能采取一些监管措施来防止对设计的盗用就无法提供支持。因此通商产业省和专利局就匆忙主办了“保护设计展”，展示了宝马的自行车、瓦格纳的“椅”椅、玻约森的猴子、相机和唱针的包装等，包括在日本国内外著名的设计以及与其相似的日本设计作品，共计约70件（也包含一些不能说是仿造的商品，没有公开制造商的名字，只写了制造国）。

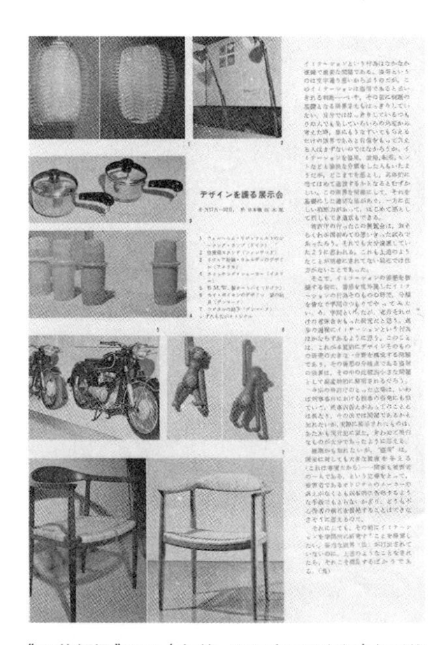
デザインを護る展示会

《工艺新闻》26-7（丸善，1958年8月出版）中刊载的“保护设计展览”一页。

展览的内容在时任专利局设计司司长高田忠的著作《设计盗窃》（日本发明新闻社，1959年）以及1958年8月出版的《工艺新闻》26-7期中有附带照片的介绍。根据1965年12月出版的《室内》所述，仿造品中有很多是仿造著名设计师的作品，并表明其中一大半是“在展览开展前夜被带走的”。

尊重设计，再设计的思考方式

一直以来，作为仿造品而有问题的椅子等商品，不只包含了未经设计师方面许可进行商品化的产品，还有随意更改设计师指定的规格（比如形状和尺寸等）后依然作为设计师的设计出售的产品。

如果未经设计者许可制造和销售产品，则设计不受设计者监督。由于没有原始图纸，想必是从某处购买到成品，对其进行了测量后重新画图来设计的吧。正因如此，仿造品和真品之间就会产生微妙的偏差。在某些情况下甚至可能是对仿造品进行的二次仿造，也许会有对于改善功能或者落座的舒适度等没有帮助的尺寸偏差，因为椅子的尺寸偏差会极大影响落座的舒适度。

可能有些人会说仿造品能够低价买到，对于购买者来说也是有好处的。但如果想要低价制造的话，那么当初就应该考虑一种能满足这种要求的设计。不管怎么说，因为有市场才会销售这种商品，而这种行为一般被称为“搭便车行为”。这是一种利用了知名产品的流行度搭上便车的不正当竞争行为。

在丹麦和瑞典的设计学校中，有些学校会开设让学生实地测量实际在售的商品然后自己制造的课程。我也看到过一些作品，不管哪一样都和正品外形一致。当然了，学生作品不是出于买卖目的，并且是在遵守法律的前提下制作出来的。通常，学习最初都是从模仿开始的，随着技艺的提高逐渐离开模仿的过程。

还有一种与模仿不同的被称为“再设计”的思考方式。即便是使用同样的思路制造出来的椅子，只要是设计师经过仔细推敲后表现出来的作品，都会带有各自的风格，公布之后也应该不会被认作他人的设计。这和单纯的模仿是不一样的。

例如，受到克林特设计的螺旋桨凳的启发，沿用了折叠后腿可变成一整根木棒形状的思路，使用不同的材料和技术制造出来的凳子就是很好的例子。根本思路是一致的，但是解决方案却各不相同。

“家具设计和所有的艺术一样，一个主题随着时间的推移会多次出现。”

这句话来自*SD* 1981年11月刊中一篇叫作“丹麦的设计”的文章。在解说某个设计给其他设计师带来的影响时，上述的螺旋桨凳常被提及。

凯尔·克林特
“螺旋桨凳”
木制框架，折叠后腿可以并成一根圆棒（1930）。

波尔·克耶霍姆
“金属螺旋桨凳PK91”
有着扁钢扭成螺旋桨形制成的凳子腿（1961）。

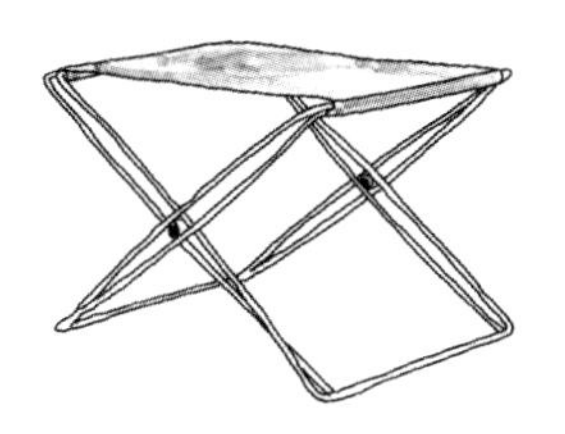

乔根·甘默尔加德
由钢棒熔接成螺旋桨状框架后制成（1970）。

不使用纸绳编织，
而使用皮革或者布制座面的Y型椅仿造品

仿造品中能看到一些并非忠于原作，而是改变了一部分规格的品类。举例来说，Y型椅的仿造品中就有改变了座面的精加工方式的品类。还有些例子中，仿造品不完全复制名作椅子的设计，而是组合了两把椅子，并称之为瓦格纳的椅子出售。下面就举例说明。

改变座面材料的品类

瓦格纳设计的Y型椅的座面使用纸绳编织而成，不存在皮革或者布制座面的Y型椅。有些使用者会把拉好的纸绳剥掉，再改成皮革或者布制的座面。然而却有销售商更改了框架造型，铺上了布料或者皮革，除了座面以外完全模仿Y型椅，还称之为汉斯·瓦格纳的设计并出售。这不仅是对“汉斯·瓦格纳”和“Y型椅”的“搭便车行为”，更是毫无反驳余地的欺诈、伪装标示、不正当使用标识行为。即便销售方并不了解情况，那也是相当恶劣的。

组合品类

与约翰尼斯·安德森[1]为克里斯琴·林内伯格家具厂（Christian Linnebergs Møbelfabrik）设计的作品（No.94，1961年）相似的椅子，其背板以下部分和瓦格纳设计的CH20椅子的扶手部分组合起来，作为“汉斯·瓦格纳设计的椅子”出售。

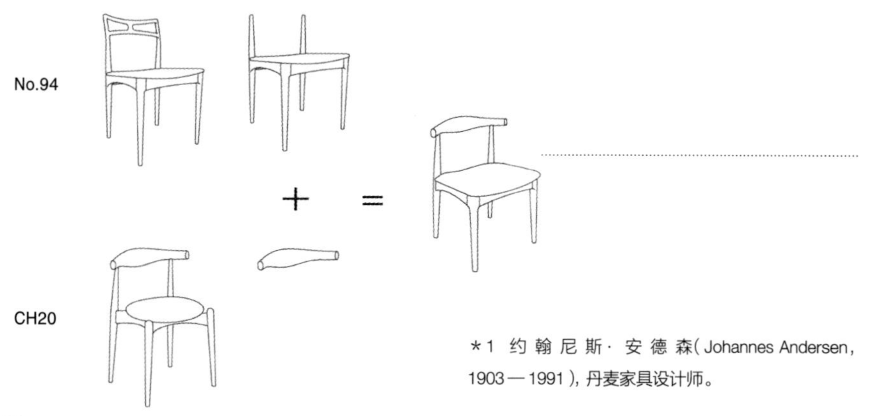

*1 约翰尼斯·安德森（Johannes Andersen，1903—1991），丹麦家具设计师。

此外，在海外的仿造品制造公司的主页上可以看到，仿造品制造商从正品制造商的商品手册和主页等地方借用照片刊载到自己主页上的行为。不明真相的人看到之后就会误认为这是制造和出售照片上商品的正规网站。这是未经许可使用照片的著作权侵权行为，相当恶劣。这样的商品也可能流入日本。

Y型椅仿造品上没有用以表示制造商名字的标签。如果贴上正品制造商的品牌名可能就是公然侵犯商标权了，没有贴上自己公司的品牌名是因为有不想贴上去的理由。相比良心上过不去，更多的是不想被追查到是在哪里生产的。如果自信商品没有违法的话，明确标记制造厂商的品牌就好了。

在De-sign株式会社成立以前，多家销售店在进口Y型椅到日本国内出售时，进口销售商会在“卡尔·汉森父子”的标签边上刻意贴上自己公司的标签出售。这不仅标示着进口销售商的责任，同时也是其充满自信开展商业活动的证据。而在仿造品上看不到进口销售商的标签（参考第163页）。

制造和销售仿造品，破坏了优秀设计诞生的循环

通常来说，设计师的商品委托制造商销售时，制造商和设计师之间会缔结合约，在合意的基础上制造和销售商品。设计师会检查商品是否符合自己的设计预期。商品化之后如果有规格变更，未经设计师的许可也不能更改。

如今，北欧家具的复刻品不少，其中大多数设计师已经辞世了。即便设计师已经辞世，还有设计师的家人和公司会继承设计的相关权利。无论是已经停止出售的商品，还是已经过了外观设计权等权利保护期的商品，从通常认知的方法来说也要先了解情况后才能复刻。为了在商业活动中使用设计，

就理所当然地需要先获得许可，也因此会有可以在商品上注明设计师名字的资格这回事。

应用美术受到著作权保护，在设计师去世后一段时间内权利依然有效。[1]关于设计师名称的标识会因著作者人格权的产生而受到保护。

设计师通过反复试错，为世人带来有用的设计，作为回报便产生了版权使用费和设计费；制造商为了能够高效地依照设计师的预期制造商品，并能以合理的价格稳定供货，也需要绞尽脑汁思考，并为提升销量努力；销售店需要向消费者介绍商品面世的背景、这件商品对生活的影响等来促进销量；消费者使用商品后产生结果判断；设计师会听取这些意见，加以思考并设计出更好的作品。

能被称为优秀设计的作品都是经过这样的循环才面世的。制造和出售仿造品会破坏这样的循环，而购买仿造品也会加重这种情况，希望读者们可以注意到这一点。

＊1 就日本来说，创作者去世后50年内，其作品的著作权依然有效。
如同在第150页脚注2所述，2015年4月，椅子（Tripp Trapp）的设计的一部分被知识产权高等法院裁决为可以认定有著作权。东京地方法院的一审上以“实用椅子不能认定为著作物”驳回了原告（挪威STOKKE公司）的主张（2014年4月）。二审中又表示了“散发着作者彼得·奥普斯维克的个性，这是一件著作物”“只为实用产品设定高标准是不合适的”的看法。预计在将来，会出现“关于认定著作权的范围将不限于家具，也包括汽车和家电”等议论。在欧美，许多国家和地区对于实用品的设计都有完善的保护措施。法国的著作权法是不区分艺术品和实用品的，只要具有创造性就可以认定具有著作权（参考第150页脚注1）。

制造商卡尔·汉森父子公司的标签

贴在后坐档内侧，年代不同设计也不同

1950年代打在椅子上的烧印。发售之初没有采用标签，而是用了烧印的方式。

现在的标签，由铝合金板制成。

贴着印有“DANISH FURNITUREMAKERS'CONTROL”(丹麦制家具的品质保证)的标贴。也有写作“DANISH FURNITUREMAKERS' QUALITY CONTROL”的标贴。还有印在制造商的标贴内一同印刷的情况(如下方照片所示)。

标识制造于2007年的标签。

左侧3张是Carl Hansen & Son A/S的标签。右侧上方是De-sign株式会社的标签。右下方2张是卡尔·汉森父子日本分公司的标签。

仿造品的后坐档内侧。

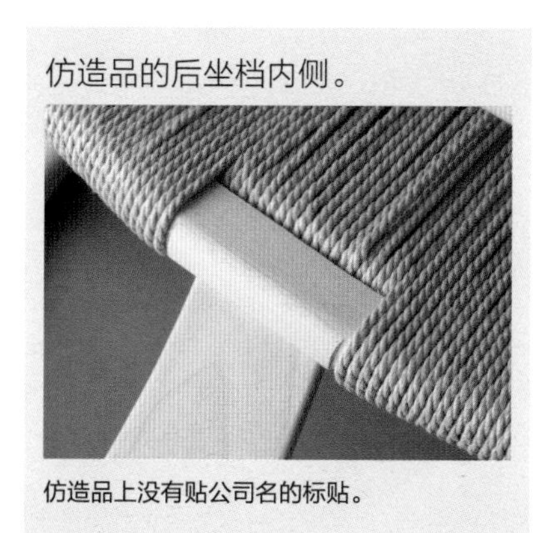

仿造品上没有贴公司名的标贴。

第6章

Y型椅的修理和保养

座面编织技术的全面公开

Y型椅的特点之一就是可以更换座面的纸绳，即使某个部件发生破损需要更换时，也可以相对容易地用新部件替换，从而使维护变得更加容易。因此经过适当的维护，Y型椅可以使用很多年。本章将介绍编织和保养纸绳的方法。

1 纸绳的编织方法

要点是不留缝隙地编织

纸绳的拉伸方式并不是那么特别。只不过使用纸绳的椅子不多，而且大多数都是丹麦制造的，因此可能会给人留下特别的印象。

座面的编织方式可以通过练习大致学会，不过要想编织出耐用的座面需要时日。要成为专业编织师，需要又快又能保证一定质量的编织技术，并且长久地持续下去。

耐久性也很重要。即使一眼看上去编织得很漂亮，几年之后就会松弛的话，也是有缺陷的产品。特别是纸绳松弛之后不仅坐着不舒服，还很容易成为引起腰痛和肩膀僵硬等疾病的原因。编织混乱也会在很大程度上影响落座的舒适度和耐久性。

此外，无论编织得多么漂亮和牢固，纸绳都必定会被拉伸。经过半年左右，纸绳的前后方可能会略有间隙。在正常情况下，间隙可能会稍微变大，但是此后基本上就会保持这样的状态。要点就是要尽可能地延长出现间隙之前的时间，并且编织时要尽可能确保间隙不会扩大。

编织纸绳的诀窍很难用文字和语言来表达，要点就是要在理解纸制品的特性后再开始编织。就和折纸一样，要点就是折起来的地方要干净利落地折出来。此外就是要一直保持同样的张力，这样纸绳交叉部的线条就会呈一条直线。

编织方式的基本操作

座面的编织方式，根据从座框上下其中一个方向缠绕分为两个大类。

A1型

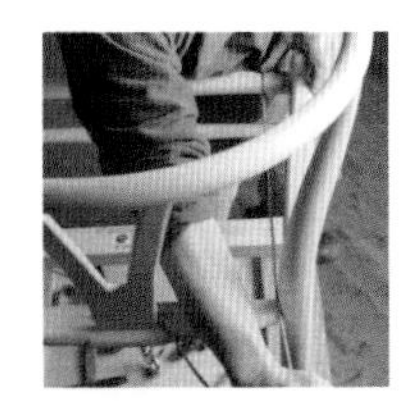

纸绳从框下方开始，向对面框的上方缠绕。

编织方式

>这是Y型椅座面编织的基本形式，是现在的主流，坂本也采用这种编织方式。

A2型

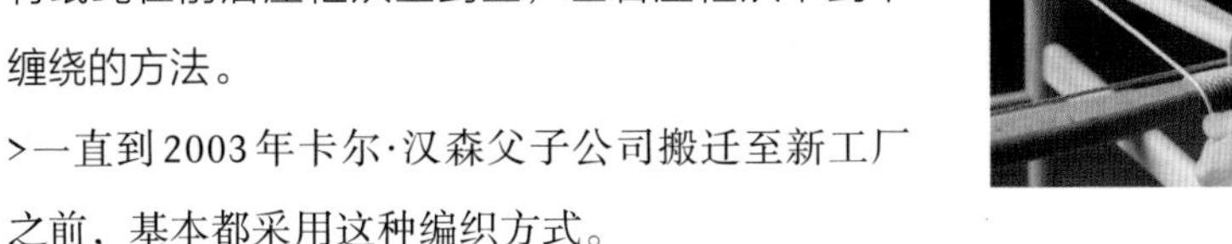

将纸绳在前后座框从上到上，左右座框从下到下缠绕的方法。

>一直到2003年卡尔·汉森父子公司搬迁至新工厂之前，基本都采用这种编织方式。

对于这两种类型，还有两大类编织纸绳的方法。以下方法是A1和A2两种编织方法共通的。

B1型

将纸绳分别缠绕在前座框的左右两侧的方法（需要使用4枚钉子）。

>从前座框的右端3cm处缠绕纸绳，并用钉子固定纸绳。逆时针编织时在左侧缠绕纸绳。

B2型

在前座框的右侧3cm处缠绕纸绳，不用钉子固定，将纸绳直接伸到左侧，在左侧缠绕的方法（需要使用2枚钉子）。

现在Y型椅座面的主流编织方式是组合A1和B1的A1/B1型。20年前，A2/B2的组合方式较多。1950年代的Y型椅似乎也用的是这种编织方式。除了这些做法以外，不同的人更换座面也可能采用不同的方式。比如说采用教堂椅（由凯尔·克林特设计）的编织方式（参考第176页）等。

三层结构的纸绳座面，让您安稳落座

前后座框和左右座框的高度不同是有理由的。组成框架的榫头不会碰到一起，从而提升强度，并且这样的框架结构也很适合纸绳的编织。

座面分为表面、背面和中间三层结构，纸绳被拉伸到一定程度时，编织方式看起来会更易懂。其中中间部分排列在一起的纸绳，是连接前后座框的上面和左右座框的下面在同一面上排列的。座框的高度错开后，就可以游刃有余地编织纸绳了。此外左右高而前后低的曲形座面，可以在落座时让使用者的身体更为稳定。

编织的纸绳间没有填充物

一把Y型椅需要使用150 m的纸绳，将其切短成10 m左右的纸绳多次连接，一边打结一边编织。绳子连接的地方一定是在中间层或者背面层，以便打结的地方绝对不会出现在表面。

使用蒲草这种天然材料编织的时候，会在层间填塞蒲草塑造弹性。使用纸绳编织时一般不需要这样的工序。在美国出售的Y型椅的说明书上会写明使用硬纸板填充等信息。然而纸绳的缝隙里很容易积灰，塞入填充物后不易清理。

此外，座面凹陷后整个都会陷进去，不能对弹性有什么期望。考虑到日本的居住环境，从优先考虑透气性和易于清洁的角度出发，也不应该塞入填充物。

实战编织

使用到的工具

① 锤子 ② 钩子 ③ 钳子

④ 铲刀 ⑤ 夹子 ⑥ 钉子

⑦ 纸绳

纸绳编织的要点

01 始终用相同的力缠绕纸绳

不需要用十足的力量缠绕，保持一定的力度给纸绳施加张力即可。

02 持续拉着纸绳以防纸绳松弛

虽然和上述01表达的意思一样，不要太用力拉伸，但是也绝对不要让纸绳松弛。

03 确保纸绳不重叠

如果纸绳重叠了，之后就很难纠正，因此要特别注意。完成之后再迫使重叠突出的部分归位，很容易导致整体编织变得松弛。

[1] 基本的编织方法（A1/B1型）

如前文所述，Y型椅座面的主流编织方式是A1/B1型。卡尔·汉森父子公司在2003年迁移到新工厂时，出厂的产品的座面就使用了这种编织方式。事实上，坂本从我开始写这本书的30年前就开始使用这种编织方式了。

使用这种方式时，为了固定纸绳需要用4枚钉子。使用约10mm长，头部大小约5mm的钉子不容易脱出。现在，有时候也通过空气钉枪用订书钉固定（以前使用钉子固定），头部尖锐的画布钉很适合。

固定椅子

1 将椅子固定在工作台上，使其不会发生位移。编织纸绳的时候不要让椅子移动，而是编织者围着椅子走动编织。

*不固定也不是不能操作，只是无法用力拉伸，而只是把绳子缠绕在框架上而已。

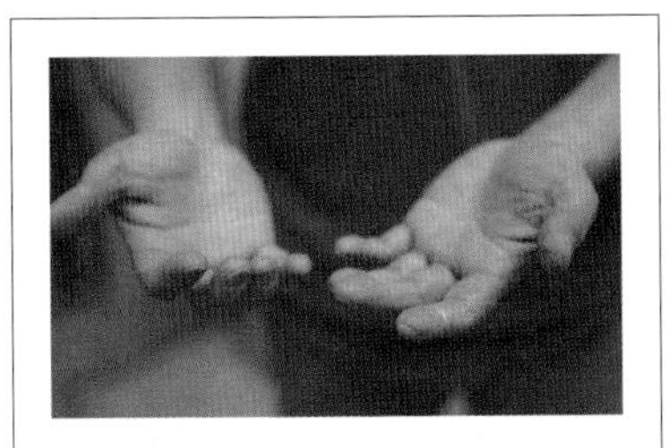

在座面上编织纸绳时，基本上所有的工匠都会用手套，不过坂本却是赤手操作的。使用手套时，手套的纤维就可能被夹住，污渍也可能印上去，必须要注意。

*更换纸绳的从业人员编织一把Y型椅需要的时间约为1~1.5小时。1小时之内完成算是相当迅速的，大多数初学者可能会花上一整天时间。

卷在前座框两端

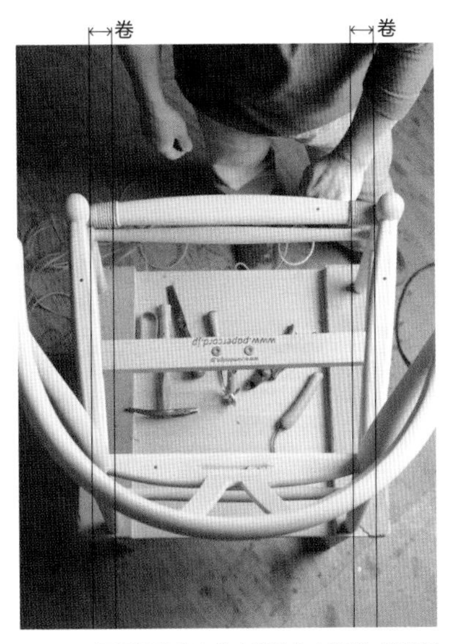

2 把纸绳缠绕在前座框的左右两侧。前座框比后座框长6.5cm左右（这个操作是为了使宽度对齐），纸绳的直径约为0.3cm，所以就有约22根纸绳的宽度差。在前座框的左右两侧，开始先各缠绕11圈（约3.3cm）。

*该照片反映的是第170页操作工程6结束时的样子。

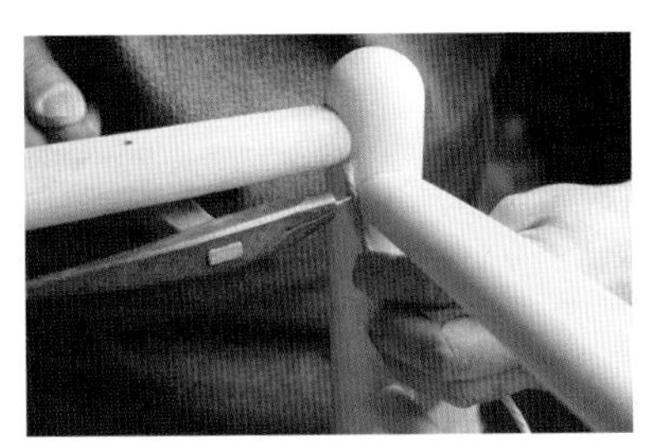

3 照步骤2所示的照片开始操作。纸绳先留出1cm左右，如照片所示在前座框的右侧根部用钉子固定。

*此处说明中解释的是从面向椅子正面的右侧开始，沿着顺时针编织的方法。偏好逆时针方向编织时，左右交换即可。对于惯用左手的人来说，这样的方式也许更容易操作。

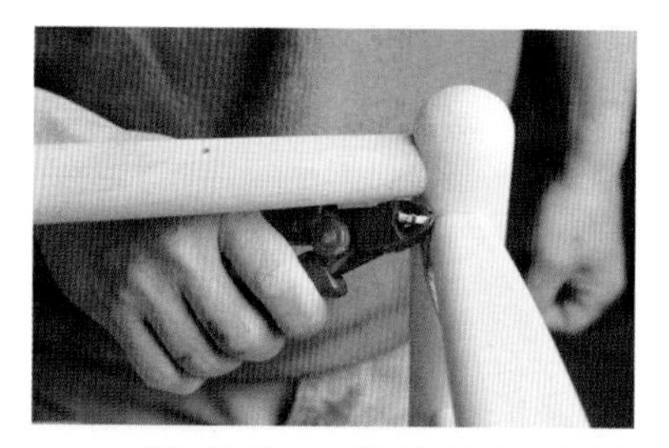

4 用钉子固定后，用钳子剪去纸绳顶端多余的部分。

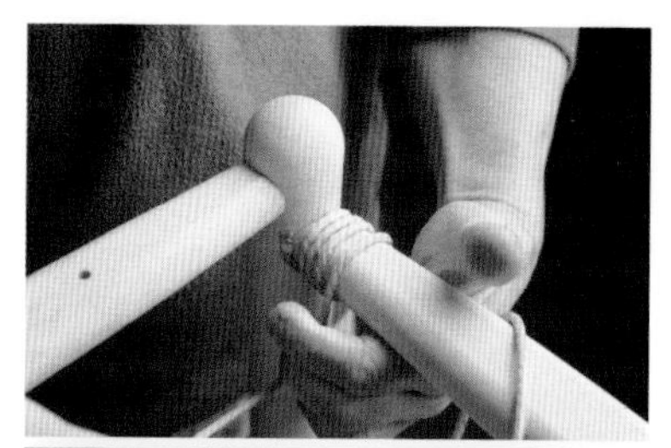

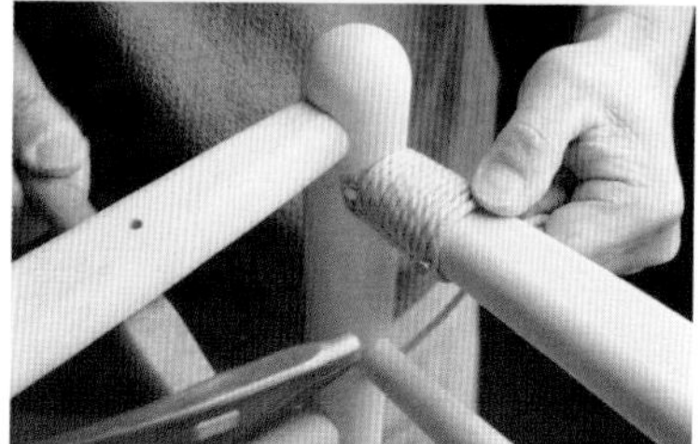

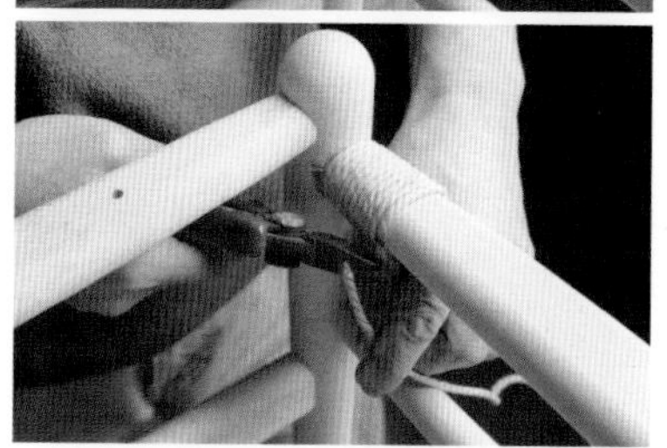

5 绳子在前座框上缠绕11圈后，再次用钉子固定。用钳子剪掉顶端的多余部分。

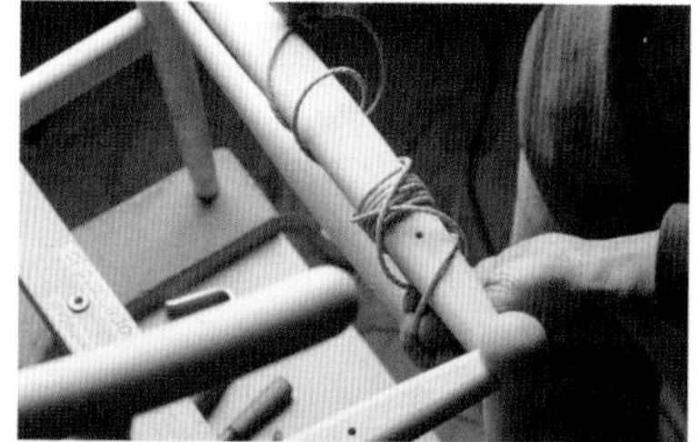

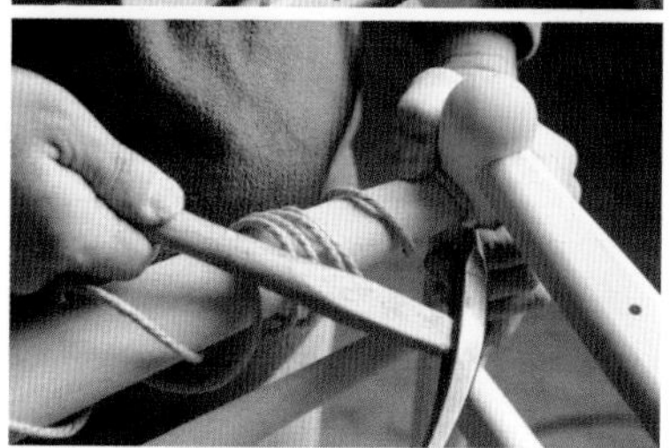

6 这次从另一侧开始。纸绳留5～6cm，顶端朝下，从前座框的上方绕回来，然后用钉子固定在椅腿的边界附近。将纸绳顶端多出来的部分用钳子剪掉。缠绕11圈后，座面的前后宽度就一致了（参考第169页的步骤2的照片）。

开始编织座面

7 将纸绳从前座框的下方绕到后座框的上方。

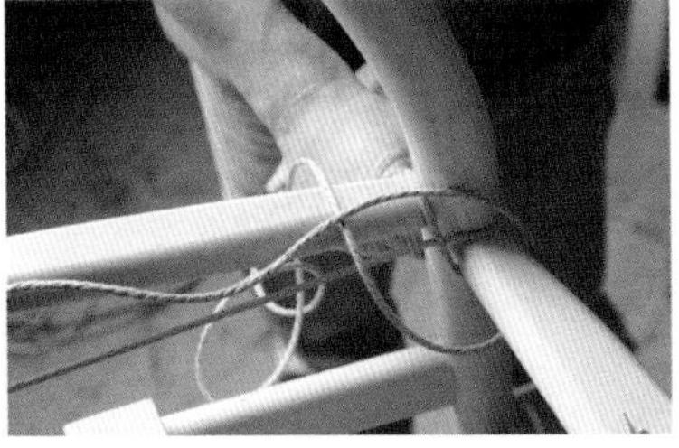

8 将纸绳在后座框缠绕1圈，通过座框的中间，拉到左座框上方。

9 纸绳在左座框缠绕1圈，拉到对面的右座框的上方。

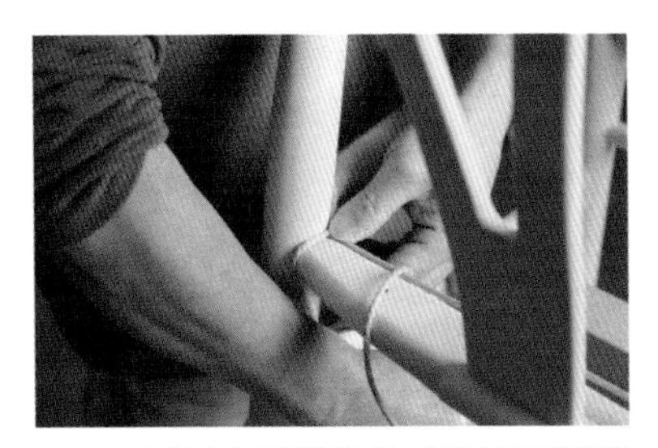

10 纸绳在右座框缠绕1圈，从刚才拉好的纸绳的上方通过，拉到后座框的上侧，在后座框上缠绕1圈。此时要把刚才拉好的纸绳往下扯。

11 纸绳拉到前座框的上侧并缠绕1圈，再通过右座框的上侧缠绕1圈，拉到左座框上方。这样做，第一圈就完成了。

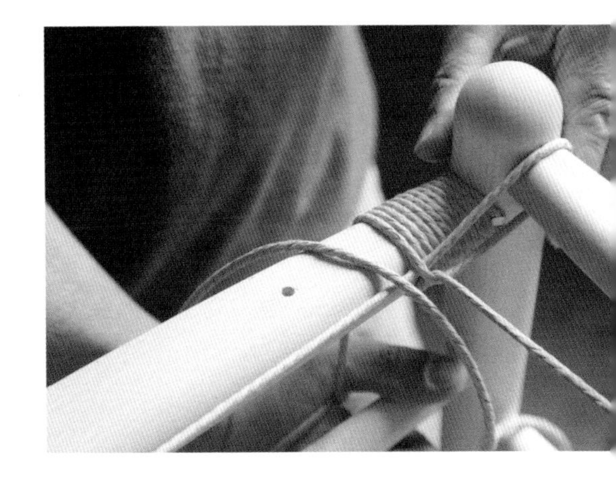

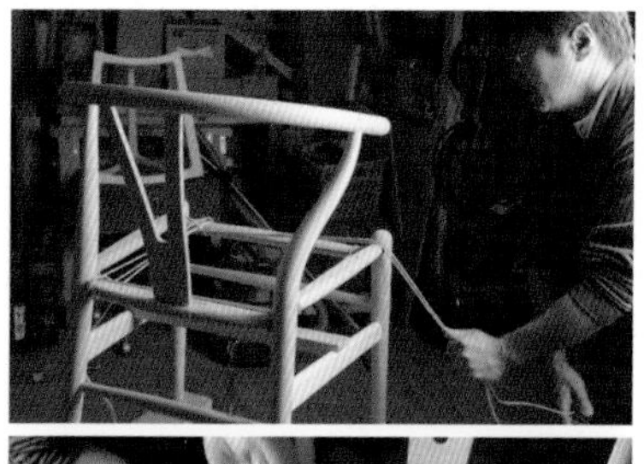

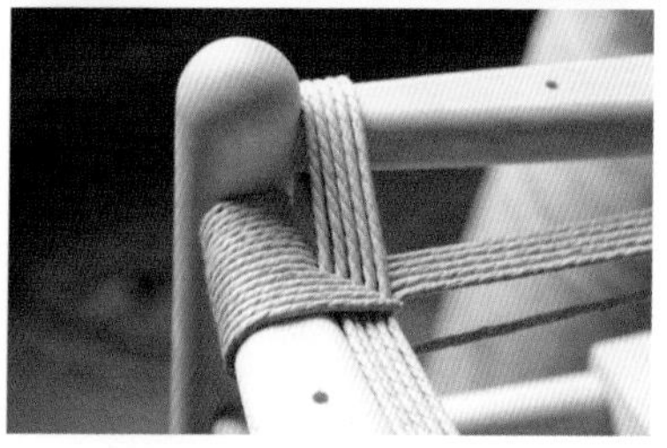

12 重复步骤7~11。

13 纸绳的缠绕方式在座框的四个地方都是一样的。但是从正面看，左前腿和右后腿可能会比较难。编织时切记，纸绳要始终保持在同一个平面上。

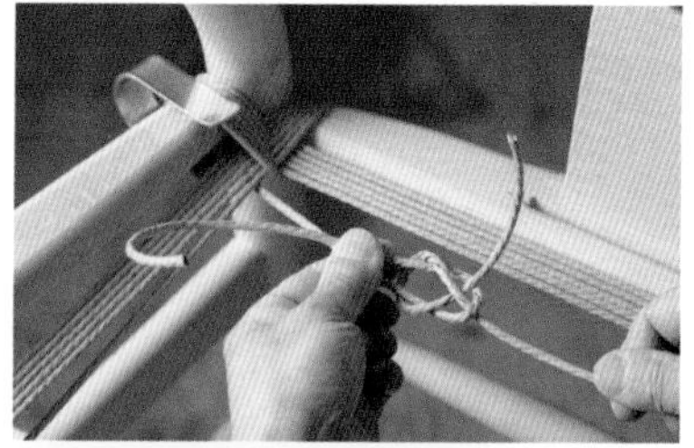

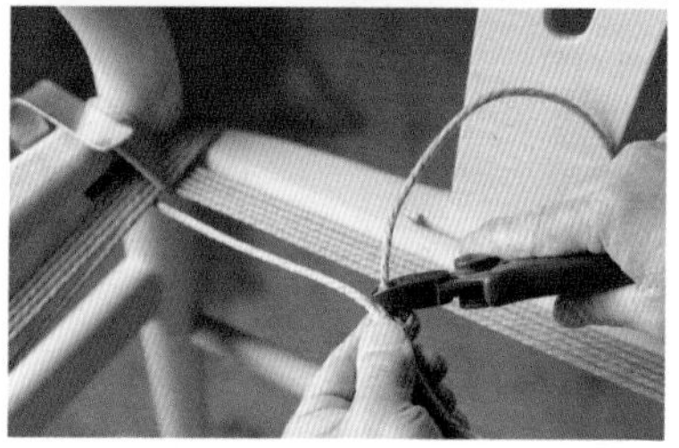

14 纸绳不够长的时候，就用打结的方式延长。多出来的部分纸绳用钳子剪掉。

15 不要忘记时刻敲紧纸绳。

16 如照片所示的纸绳重叠是不允许的。时刻注意不要让纸绳重叠。

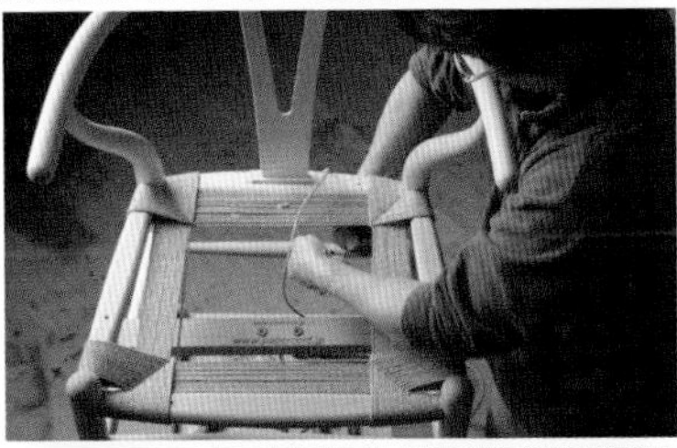

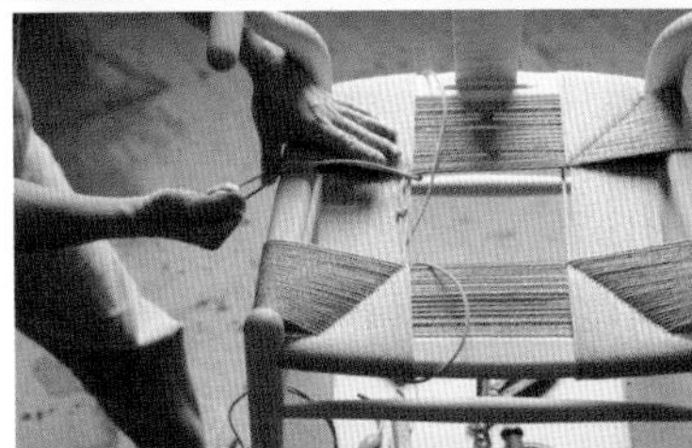

17 操作时，在施加一定力度的同时注意不要让纸绳松弛。

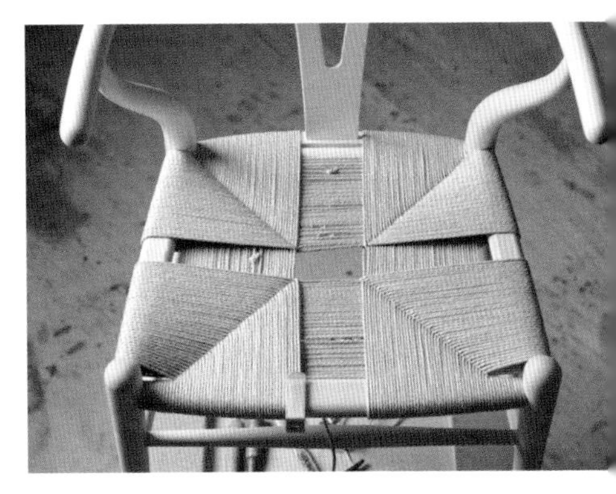

18 纸绳在未触及背板部分时的缠绕状态。

将纸绳穿过后座框的槽

19 有背板的部分，纸绳没法绕到其背后，所以要穿过背板前方的槽（后座框的槽）进行编织。

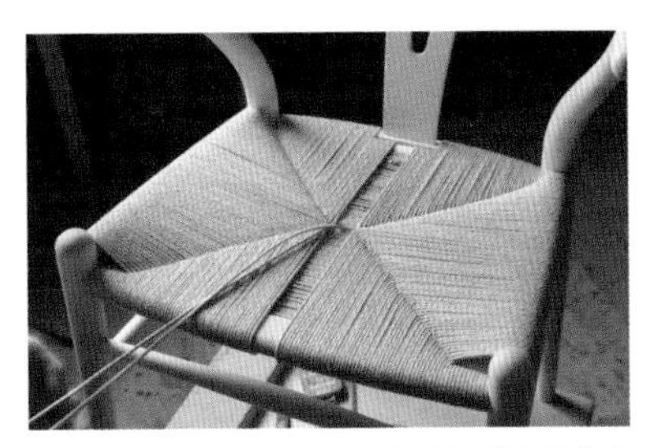

20 侧面的座框全部织满。使用均匀的力度编织时，纵向还未编织完的部分剩下约3cm宽。

21 未编织完的部分，纸绳以“8”字形绕着编织。

22 纵向上纸绳穿不过去时，在背面用钉子固定纸绳。

23 纸绳留下10cm左右，打平结后剪去顶端。

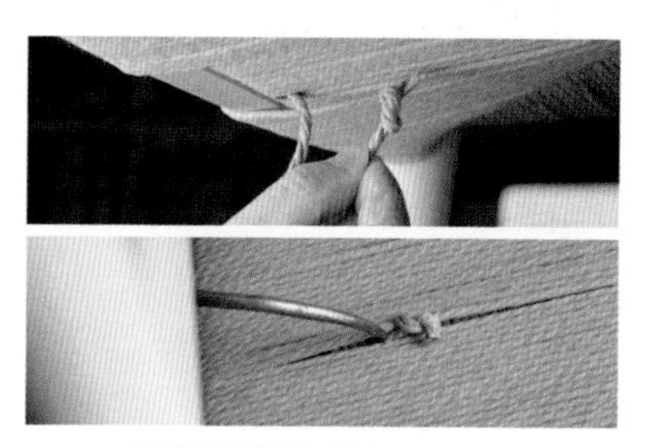

24 顶端打结后塞入座面。

25 最后修整一下表面。

完成

[2] 仅需钉两次钉子的编织方法（A1/B2型）

编织方式和[1]基本一样。在前座框的右侧用纸绳缠绕11圈后，不剪断纸绳直接在左侧缠绕11圈。纸绳只在最初和最后两次用钉子固定（使用2枚钉子）。

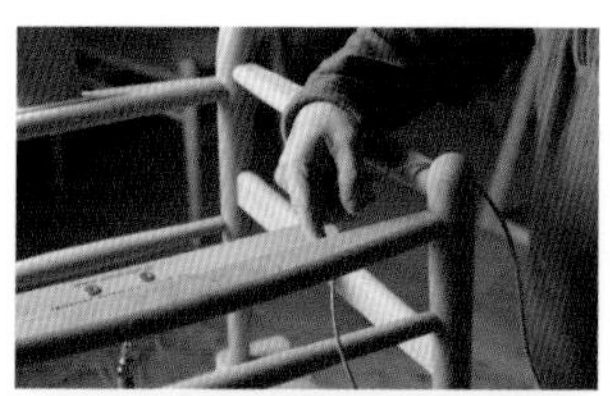

1 纸绳从右座框的上侧绕到前座框的下方。在前座框的右端将纸绳缠绕11圈。

2 纸绳缠绕的第11圈用钉子固定。多余的绳子顶端用钳子剪掉。

3 将剪掉部分相对的另一头的纸绳前端拉到左座框的上方。

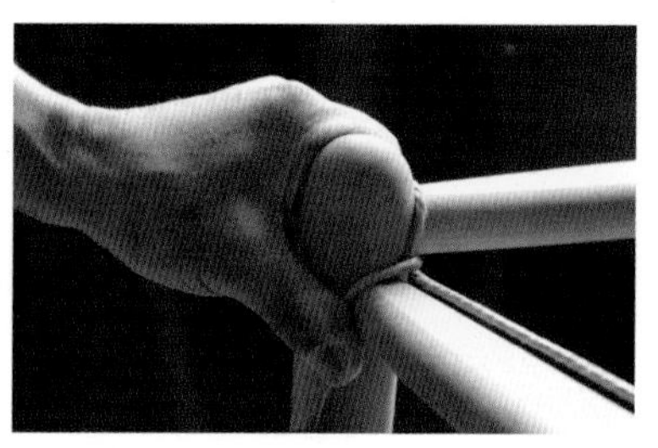

4 纸绳绕过前腿的头部。

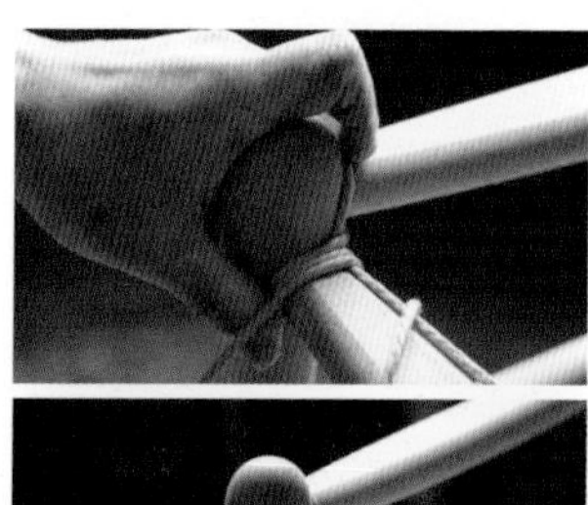

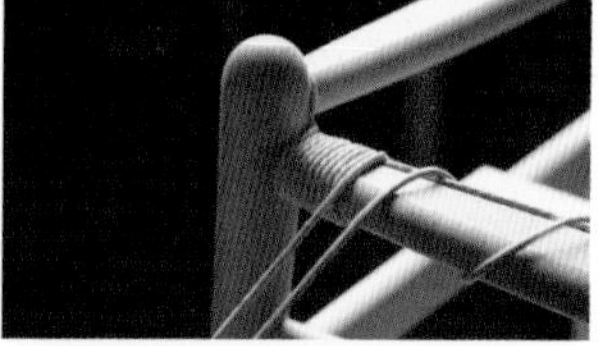

5 纸绳在前座框的左端把从上侧穿过的纸绳一起包进去，缠绕11圈。

6

从这里开始和基本编织方式一样，从[1]的第7步开始继续即可。

[3] 大约20年前常见的编织方法（A2/B2型）

这种编织方式是否易操作先不说，但在旧款Y型椅上很常见。最开始是和[2]“仅需钉两次钉子的编织方法”采用一样的方式开始编织的。

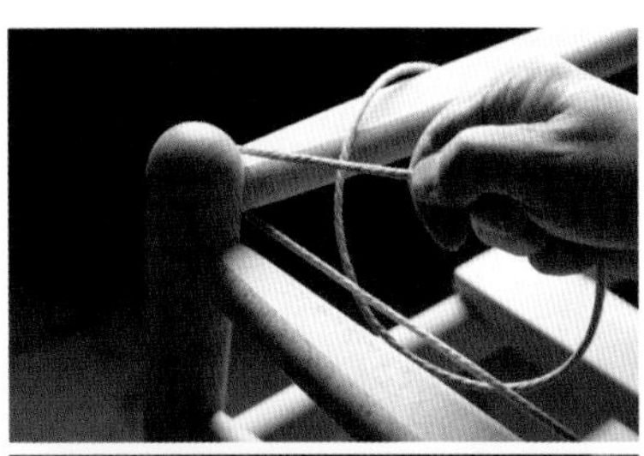

1 纸绳在前座框右侧缠绕11圈之后，从左座框的下侧穿过缠绕一圈，然后从前座框的下侧往前缠绕。

2 在前座框的左端缠绕纸绳。

3 纸绳缠绕11圈之后，从前座框的上侧绕到后座框的上侧，往左座框的上侧绕一圈。纸绳在右座框的下侧绕一圈后拉到后座框的下侧。

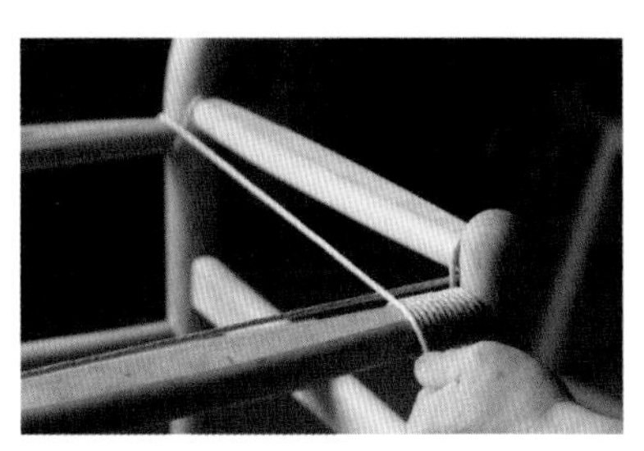

4 纸绳从后座框的上侧拉到前座框的上侧。

重复以上操作后，前后方向拉纸绳时是从上端到上端，左右方向拉纸绳时是从下端到下端。正面看的左前腿和右后腿可能会比A1/B1型的编织方式更简单。

[4] 其他方法

不在前座框左右两端缠绕纸绳的编织方式

还有不在前座框左右两端缠绕纸绳的编织方式。只不过在售的Y型椅中没有采用这种编织方式的，这里仅作为参考记述。
左：A1/B1型。右：前座框的左右两端不缠绕纸绳的编织方式。

上面的照片是将右侧的座面上缠绕的纸绳切断后内部的样子。用钉子把纸绳固定11次，把前后座框宽度不同的部分提前编织好。这种做法相当费功夫。

教堂椅的编织方式

教堂椅

这种编织方式对于Y型椅这样横向形座框的椅子来说有些勉强（教堂椅和Y型椅的座框形状不同）。虽说不是不能编织，只是不适合Y型椅。

此外，还有两根纸绳一起编织的方法，不过不适用于需要强度的编织情况，因为纸绳会更快松弛。

2 纸绳的保养

关于纸绳的保养，唯一需要做的就是使用吸尘器清除进入纸绳缝隙中的灰尘，其他最好什么也不做。由于它是纸制的，因此很容易受到摩擦和湿气的影响。如果溅上带水的东西，请不要揉搓，而应把水分吸掉；如果染上了污渍，请用湿毛巾轻拍以去除污渍。之后的关键是在完全干燥之前不要触摸。

在丹麦，也有用肥皂溶液清洗的方式，不过我认为这不适合日本。由于丹麦湿度低，很快就能干燥。而日本湿度较高，纸绳很难干燥。

如果在洗涤时擦拭的话，纸绳干燥之后表面就会起毛。这也可能成为易脏和断裂的原因。另外，也不要期望它干燥后会绷紧。

保养方法

① 木材部分

日常护理

通常只需要用干净的软布擦拭即可。如果沾上了食物的污渍等，可以用浸泡在水里或者肥皂溶液里之后拧干的布轻轻擦去有污渍的部分，但不要用力摩擦。污渍清除后将其擦干，不要在木材部分留下水分。如有必要，可以在这之后涂上油或者蜡。

细心照顾

-用肥皂溶液清洗-

将一大勺肥皂溶解在一升热水中制成肥皂溶液。肥皂的分量不用太精确，不过太浓稠的话，浸入木材后不易干燥，木材部分颜色会变深。

用蘸过肥皂溶液的布或者清洗餐具用的海绵可以较快洗净，如果脏污比较严重的话用力洗也没问题。要注意水很容易从椅腿的末端渗入，木材吸收太多水分会变得易开裂。此外还要注意，脏污的泡沫一定要洗净或者擦净。

必要时多清洗几次。每次干燥之后都要再检查污渍是否被洗净，然后再重洗。洗完一次之后要用干布擦掉水分并干燥。

木材部分可能会因急速干燥而开裂，因此不要使用吹风机和风扇等吹干，并且要避免阳光直射，让它自然干燥。建议选择天气良好的时候操作，操作的场所尽可能选在浴室，使用温水淋浴在竹板上操作为宜。

肥皂泡留在木材上容易形成污渍，清洗的时候最好不要制造太多泡沫，这样比较好操作。待木材部分完全干燥之后，使用240~400号左右的砂纸打磨。

此后使用上油精加工的椅子需要再重新涂油。上漆精加工的椅子，其涂膜有可能会损伤，使用浸泡过肥皂溶液的布来擦拭会更安全。用肥皂溶液擦拭过后，再用浸泡过温水后拧干的布擦去肥皂，最后擦干。

此外，使用清洗餐具用的海绵（硬面一侧）可能会导致消光，必须注意。

② 纸绳

日常护理

使用带刷子的吸尘器吸走纸绳缝隙里的灰尘。要始终保持干燥的状态。如果打湿则要等干燥后才能落座。

打翻食物的时候

不要擦拭表面，用毛巾以轻轻拍打的方式吸去水分。如果之后留下污渍，可以使用浸水后拧干的毛巾轻拍表面以去除污渍。

如果打翻了咖喱，请大胆地使用温水淋浴冲洗。冲洗后不要摩擦表面，使用毛巾吸去水分即可。这种时候可能会出现沾湿部分和干燥部分的分界线，用整体打湿的方式使其模糊即可。

纸绳在水里会变软，在其完全干燥前不要落座。

两年间在丹麦的研究和瓦格纳的椅子

岛崎信（武藏野美术大学名誉教授）

就日本制造的仿造品，在丹麦的咨询委员会上被征求意见

从1958年8月开始，我作为产业设计改革调查员被JETRO派往丹麦。直到1960年秋回国（日本）为止，我一直师从丹麦皇家艺术学院的家具设计师奥利·万施尔教授和哥本哈根技术学院的权威木工布吉·延森教授。在这两年间，我有机会和汉斯·瓦格纳以及波尔·克耶霍姆等诸多设计师及家具制造商等相关人士交流。对我来说，这段经历是莫大的财富。

在当时的丹麦，活跃着包括汉斯·瓦格纳、芬恩·朱尔、伯厄·莫恩森等设计师。丹麦家具不仅在丹麦国内，在海外也享有盛誉。那是个丹麦家具非常繁盛的时代。

彼时，日本制造的仿造品在欧洲引发了问题。日本制造了大量海外品牌的仿造品，包括家具、沙拉碗，甚至有餐具。如今，日本海外的仿造商品制造和出口经常遭到来自日本政府的抨击，但正如在本书第5章中所述，当时日本才是出口仿造品的国家。我被JETRO委派，多次被丹麦议会的咨询委员会邀请征询关于日本制造的仿造品的意见。

可以根据制造方法的区别，大致区分的丹麦家具生产商

在丹麦的第一年，我一直都在奥利·万施尔教授的研究室里学习。第二年有机会与布吉·延森教授同行，造访了各地的家具制造商。丹麦有为数众多的家具制造商，制造方法和策略也因各公司而异。制造商又分为橱柜制造商和家具制造商，因制造方式不同而有很大差异。前者以具有大师资格的家具工匠为中心，通过手工的方式完成家具制造，可以说是丹麦家具的主流。许多家具制造商都是家具工业工会的成员，当时的代表者之一就是约翰尼斯·汉森公司。

后者的家具制造商凭借机械化工厂制造量产家具。弗里茨·汉森公司和卡尔·汉森父子公司就是这种类型。相比橱柜制造商多少有点被看低一级的倾向。不过需要出口家具时，产能是很重要的。从1950年代开始，这种类型的家具制造

商就利用其在产能上的优势逐渐增强了实力。瓦格纳很擅长针对不同的制造商采取不同的设计方式。在观察了设备和工匠的技术能力后，再做出适合这家制造商的家具设计。比如针对约翰尼斯·汉森公司设计了“椅”椅，针对卡尔·汉森父子公司设计了Y型椅，这样一来，与制造商的合作就会非常灵活。而在这个方面，波尔·克耶霍姆就非常执着，并不喜欢随机应变的相处方式。

随着木工机器的开发，
家具制造的成本也得以降低

在瓦格纳设计Y型椅之前，他的好友莫恩森设计的摇椅J39备受好评。对于瓦格纳来说，他也想设计出像J39这样流行的椅子。在丹麦，J39至今都是比Y型椅更为流行的国民椅子。也正是在那个时候（J39发售2年后的1949年），卡尔·汉森父子公司向瓦格纳提出了“设计一种能够使用机器量产的椅子”的委托。

第二次世界大战后，新型木工机器开始从海外进口到丹麦。丹麦的家具制造商也迎来了从手工制造向机器加工转变的时期。瓦格纳并不固执于使用手工加工的方式，而是抱有“必须尽可能通过机械化降低成本”的想法。不过他也附加了“要防止使用机器加工后品质下滑的情况发生”的条件。可以说，机器加工是手工工艺品的延伸。

1949年刚发售的“椅”椅，其背面材料使用榫卯结构组装连接。连接部分用藤包裹起来将其隐藏。次年，其背部材料开始使用指形榫连接。这是在引入意大利生产的木工机械后才得以实现的。意大利历来有制造皮革制品和木制品的土壤，在机械开发方面也颇为先进。此外，那时木材复制机（沿模板加工的机器）也被发明了出来。作为意大利主要产业之一的制鞋工业需要大量制造同样的模具，因此也需要能够快速加工同样形状的零件的机器。可以推测出，卡尔·汉森父子公司也是在引入木材复制机后，灵活运用在1950年发售的Y型椅的后腿生产上，从而实现了量产的。

瓦格纳从未见过
作为Y型椅起源的圈椅的实物

Y型椅是瓦格纳受到中国明代的椅子“圈椅”的启发而诞生的。我亲自问过瓦格纳，但他似乎并没有亲眼见过圈椅，只是看过在奥利·万施尔的著作*MØBELTYPER*中刊载的圈椅的照片。从照片上展开想象，然后创造出中国椅FH4283，继而对其重新设计，得到Y型椅。Y型椅设计完善，结构简洁。有个精妙的地方就是后腿的扭曲处理，明明

是二维的造型，却具有三维柔软的立体感。丹麦人没法理解，为什么Y型椅在日本比J39更受欢迎。原因有很多，比如直线型的前腿、纸绳编织的座面和曲线柔和的后腿、椅背以及扶手之间的平衡感等，这都是很符合日本人的审美品位的。

使用逾50年 —— 我亲手涂装的Y型椅

在奥利·万施尔研究室开始研究丹麦的家具和建筑时，我注意到许多优秀的家具设计师都接受过家具工匠学习培训，在习得了一流的木工技术后再学习设计。

这时候我就想，在学习丹麦家具设计的同时学习一下家具制造技术，并向万施尔教授表达了这个愿望。于是他就给我特别安排了每周一天的时间，去上哥本哈根技术学院的布吉·延森教授的"木工技术"以及乔根·莱斯勒教授的"涂装"两门课程。

1959年秋天，我受兼任丹麦家具品质委员会会长的延森教授所邀，一同驾车前往位于欧登塞的卡尔·汉森父子公司的工厂。汉斯·瓦格纳也来到了工厂，延森教授和瓦格纳交流了约30分钟，并给了我参与谈话的机会。此后，延森教授把刚组装好的未涂装的Y型椅交到我手里，并对我说："你在莱斯勒教授的课上学习的橡木家具的上蜡精加工技术，不如用这把椅子试试？"

我把那把椅子带回了哥本哈根技术学院的涂装工作室，亲手用氨气熏蒸之后，用巴西棕榈蜡和蜂蜡擦拭来实践学习上蜡精加工技术。为了请工匠帮忙编织纸绳座面，又把上过蜡的Y型椅用车运到欧登塞的工厂。等待约一个小时，座面编织好的Y型椅就完成了。

我在丹麦的生活中一直在用这把Y型椅，回国时也带回了日本。历经20年，基本每天都在使用。自己亲手涂装过的橡木材的Y型椅和普通木材的纹理不同，如今历经50年以上的岁月，颜色和光泽也变得更为沉稳。我猜，这把椅子可能是最早被带到日本的Y型椅吧。

1959年秋，岛崎涂装的Y型椅（摄于2016年3月）。

瓦格纳与Y型椅的相关年表

时间	和汉斯·瓦格纳相关	瓦格纳设计的椅子
1900年代	1914年 4月2日，瓦格纳出生于丹麦日德兰半岛西南部的岑讷	
1920年代	1928年 师从家具工匠H.F.斯托伯格 1929年 15岁时初次制作椅子	
1930年代	1931年 17岁时取得木工大师资格 1934年 服兵役 1936年 退役后在丹麦技术研究所学习。其后在哥本哈根工艺美术学校学习(直到1938年)。在这一年结识了伯厄·莫恩森 1938年 首次亮相哥本哈根匠师展。在阿尔内·雅各布森和埃里克·莫勒的工作室从事奥胡斯市政厅的办公家具设计的工作(一直到1943年)。同时期还负责埃里克·莫勒和弗莱明·拉斯森设计的尼堡图书馆的家具的设计	1937年 休闲椅(OveLander制造) 1938年 餐厅套装(OveLander制造) 1939年 餐厅套装(P.Nielsen)
1940年代	1940年 与茵嘉结婚。结识约翰尼斯·汉森 1943年 在奥胡斯开设事务所(直到1946年)。在奥胡斯的图书馆里阅读*MØBELTYPER*时看到了中国明代的椅子“圈椅”的照片。后在和弗里茨汉森公司的合作中开始了中国椅的设计 1946年 搬到哥本哈根，在根措夫特开设工作室。在哥本哈根工艺美术学校任教(直到1951年) 1947年 长女玛丽安娜出生 1948年 入选MoMA的低成本家具竞赛 1949年 开始了和卡尔·汉森父子公司的合作。设计了包括CH24(Y型椅)在内的4把椅子和橱柜等，为安德烈亚斯·塔克公司设计桌子	1941、1942年 居室家具(约翰尼斯·汉森) 1944年 中国椅FH4283、摇椅J16、彼得的椅子和桌子 1945年 中国椅FH1783 1947年 孔雀椅 1949年 圆椅(“椅”椅)
1950年代	1950年 次女爱娃出生 1951年 第一届伦宁奖得奖。获得米兰三年展大奖赛冠军。SALESCO设立 1953年 瓦格纳设计的家具出口量激增，开始和PP家具公司有业务往来。与妻子茵嘉一同前往美国和墨西哥，开始了为期三个月的研习旅行 1954年 获得米兰三年展金牌 1958年 为位于巴黎的联合国教科文组织设计台灯和会议用桌 1959年 获得哥本哈根匠师展年度大奖	1950年 CH22、CH23、CH24(Y型椅)、CH25、熊椅 1951年 CH27、CH29(锯架椅) 1952年 牛角椅 1953年 侍从椅 1955年 转椅 1959年 卡斯特拉普机场休闲椅

发生在丹麦、世界上的事情，和Y型椅的关联等	发生在日本的事情，和Y型椅的关联等
1908年　家具工匠卡尔·汉森创办卡尔·汉森公司 1914年　第一次世界大战爆发（直到1918年）	1912年　大正时代开始
1924年　丹麦皇家艺术学院新开设家具课程（由凯尔·克林特执教） 1927年　哥本哈根举办匠师展（直到1966年） 1929年　纽约市场股价暴跌	1926年　昭和时代开始。森古延雄等人组建KINOME-SHA团体 1928年　在仙台开设商工省工艺指导所。“型而工房”起步。文化椅子套装（日本乐器公司生产，雅马哈前身）
1930年　螺旋桨椅（克林特） 1931年　“永久”成立 1932年　*MØBELTYPER*（奥利·万施尔）出版。MK椅子[摩根斯·科赫（Mogens Koch）] 1933年　游猎椅（Safari Chair） 1936年　教堂椅（克林特） 1939年　第二次世界大战爆发（直到1945年）	1930年前后　型而工房的标准家具（藏田周忠等人） 1932年　《工艺新闻》（工艺指导所）创刊 1933年　布鲁诺·陶特访日，在工艺指导所指导设计 1936年　二·二六事件。草编椅
1940年　丹麦被德国占领（直到1945年） 1942年　F.D.B.家具部门成立 1943年　卡尔·汉森公司改名为卡尔·汉森父子公司 1947年　餐椅J39（伯厄·莫恩森）。卡尔·汉森的次子霍格继任卡尔·汉森父子公司的第二任CEO 1949年　酋长椅（芬恩·朱尔），殖民地风格椅（奥利·万施尔）	1940年　夏洛特·佩里昂访日 1941年　太平洋战争爆发（直到1945年）。“佩里昂女士日本创作品展”（高岛屋）开展 1946年　工艺指导所设计制造驻军用家具。折叠椅（秋冈芳夫） 1948年　竹笼座低座椅子（坂仓准三）
1950年　美国的*interiors*杂志刊载了哥本哈根匠师展相关的文章。评价了瓦格纳和芬恩·朱尔的椅子 1952年　《建筑和生活》春季刊刊载了Y型椅相关文章和广告 1954年　在北美开展了“北欧设计展”（直到1957年）。凯尔·克林特逝世 1955年　七号椅（阿尔内·雅各布森）。设计杂志*mobilia*创刊（直到1984年）。同杂志第12期的封面刊载了Y型椅 1958年　蛋椅（阿尔内·雅各布森） 1959年　卡尔·汉森逝世	1951年　旧金山对日和约 1954年　蝴蝶凳（柳宗理）。“格罗皮乌斯与包豪斯展”（国立近代美术馆） 1955年　“勒·柯布西耶、费尔南·莱热、夏洛特·佩里昂三人展”（日本桥高岛屋） 1956年　在高岛屋举办二战后首次和日本海外百货商店的易货贸易会（意大利节） 1957年　“20世纪的设计：欧洲和美国展”（国立近代美术馆） 1958年　“保护设计展览”（日本桥白木屋）。《new interior新室内》杂志第84期刊载了Y型椅的照片。Y型椅初次被刊载在日本杂志内文中

时间	和汉斯·瓦格纳相关	瓦格纳设计的椅子	
1960年代	1960年　美国总统选举候选人的电视辩论中，肯尼迪和尼克松坐在“椅”椅上 1962—1965年　在哥本哈根郊外的根措夫特建造自己的住宅 1969年　首次接到来自PP家具公司的设计委托	1960年　OX椅 1961年　蓝椅 1962年　CH36 1963年　三脚贝壳椅 1965年　PP701、CH44 1967年　吊床椅 1969年　PP201、PP203	
1970年代	1972年　瓦格纳的挚友伯厄·莫恩森逝世 1979年　记录了瓦格纳的成长和功绩的书籍《变化的主题：汉斯·格瓦纳的家具》出版了	1975年　PP63 1977年　GE460(蝴蝶椅) 1978年　PP112 1979年　PP105	
1980年代	1982年　获得C.F.Hansen Medal奖牌	1984年　PP124 1986年　PP130(圈椅) 1987年　PP58、PP68 1988年　PP51/3(V型椅) 1989年　PP56	
1990年代	1992年　恢复了和卡尔·汉森父子公司的合作，复刻CH29 1993年　退出一线 1995年　故乡岑讷开设瓦格纳博物馆。瓦格纳夫妇捐赠了37把椅子 1997年　荣获第8届国际设计大奖(未出席在大版举行的颁奖仪式)。被授予伦敦皇家美术大学的荣誉学位	1990年　PP240、PP114 1993年　PP193	
2000年代	2007年　瓦格纳逝世(1月26日)，享年92岁		
2010年代	2014年　在哥本哈根的设计博物馆举办了瓦格纳诞辰100周年纪念展览“瓦格纳：一把好椅子”。同名图册出版		

发生在丹麦、世界上的事情，和Y型椅的关联等	发生在日本的事情，和Y型椅的关联等
1961年　折凳PK91（波尔·克耶霍姆） 1962年　卡尔·汉森父子公司的CEO霍格逝世。尼高担任第三任CEO 1965年　大型会议中心贝拉中心开设，腓特烈西亚家具展搬迁举办地 1966年　哥本哈根匠师展停办	1960年　休闲椅（剑持勇） 1961年　伯厄·延森从丹麦赴日指导工艺 1962年　丹麦展（银座松屋）。被认为是Y型椅首次在日本的店铺展出。Y型椅的价格是15 000日元 1963年　辐条椅（丰口克平） 1964年　东京奥林匹克运动会举办。“汉斯·瓦格纳作品展”（新宿伊势丹） 1965年　“汉斯·瓦格纳展”（新宿伊势丹）
1970年　螺旋桨凳（乔根·甘默尔加德） 1971年　阿尔内·雅各布森逝世 1973年　丹麦加入欧共体（1993年加入欧盟） 1976年　AP Stolen、Ry Møbler停业	1970年　大阪世博会举办。Nychair（新居猛） 1977年　NT椅、BLITZ（川上元美） 1979年　第一届国际家具交易会（IFFT、晴海）举办
1980年　波尔·克耶霍姆逝世 1988年　卡尔·汉森父子公司的CEO尼高去世。乔根·格纳·汉森继任CEO 1989年　芬恩·朱尔逝世。丹麦的家具年出口额达到7 600万克朗（现约合7 021.6万元人民币）	1980年前后　Y型椅成为通俗名称 1984年　Riki温莎椅（渡边力） 1986年前后　泡沫经济开始（直到1991年前后） 1989年　平成时代开始
1990年　约翰尼斯·汉森公司停业。该公司制造的家具大部分被PP家具公司所继承。此时Y型椅的年产量达到1万把以上 1995年　上皂和上油精加工的Y型椅发售了 1999年　樱桃木的Y型椅发售了	1990年　De-sign株式会社作为卡尔·汉森父子公司的日本分公司成立了（拥有Y型椅在日本的独家销售权）。家具设计师新居猛Ny-chair著作权侵权案诉诸法庭，但败诉了。中岛乔治逝世 1995年　阪神淡路大地震。当时Y型椅售价58 000日元（现约合2 946元人民币）
2003年　卡尔·汉森父子公司搬迁到奥鲁普。面向欧美市场发售座高45 cm的Y型椅 2006年　胡桃木材的Y型椅发售了 2008年　枫树木材的Y型椅发售了（直到2013年）	2003年　De-sign株式会社更名为卡尔·汉森父子日本公司 2007年　Y型椅在日本国内一年售出9 018把。同时期，Y型椅的仿造品开始出现了
2011年　上油精加工的熏制橡木Y型椅发售了。卡尔·汉森父子公司收购了拉斯穆森兄弟（Rud.Rasmussen）公司	2011年　东日本大地震发生。知识产权高级法院判决认定Y型椅作为三维商标 2012年　Y型椅注册三维商标 2015年　知识产权高级法院判决认定儿童椅子Tripp Trapp的部分著作性 2016年　座高45 cm的Y型椅在日本发售了（座高43 cm款式的为定制生产）

刊登于1970年以后发行的杂志中，Y型椅相关部分的精华报道摘抄 *参见第116页

——东方形式和传统特征在日本被广泛运用，这能够牢牢抓住日本人的心。这把椅子具有现在社会中逐渐流失的朴素的人性，是我希望能够在城市化现象中急剧变化的日本的居住环境里找到自己位置的东西之一。
《室内》第199期（工作社）“设计师选择的椅子”，原好辉著，1971年7月刊。

——这是一把从僧侣使用的曲录（椅子的一种，常见于禅宗公案中）那里受到启发而创作出来的椅子。
《室内》第221期（工作社）“世界百佳椅子”，光藤俊夫著，1973年5月刊。

——无论是从形态还是从功能来说，Y型椅在这个级别的椅子之中都是顶级的存在。它是经过精心设计和雕琢的木制椅子的代表。虽然是西方家具，却在不经意中让人感受到东方的精神。右下的椅子显然受到中国椅子的影响（此处的“右下”指原杂志的图片，在本书中未体现）。东方学习西方，可以说是相辅相成了。
《当代起居》93期（妇人画报社）家具和室内装潢第2期“长期畅销家具”，1975年2月刊。

——Y型椅是汉斯·瓦格纳的设计。木制部分采用了山毛榉木材，座面使用纸绳编织。因背部呈Y字形而得名。
《当代起居》第8期（妇人画报社）“世界家具在室内装潢终得领导作用”，1980年9月刊。

——Y型椅是由卡尔·汉森父子创办的家具公司于1950年制造的，是瓦格纳的作品中最为工业化因而价格最低的，至今已经生产了25万把。
SD（鹿岛出版会）“丹麦的设计”，1981年10月刊。

——使用了山毛榉木材，座面使用纸绳。1950年由瓦格纳设计的代表性名作——Y型椅。
《当代起居》第15期（妇人画报社）“从椅子开始挑选餐厅家具”，1981年11月刊。

——这个机械时代有诸多很棒的椅子。柯布西耶的椅子、阿尔托的椅子、萨里宁的椅子以及瓦格纳的椅子，等等。这些正是能够与这本《民艺》中出现的原始的椅子相媲美的、具有美感的椅子。
《民艺》第338期（日本民艺协会），1981年2月刊。

——能够表现出北欧淳朴的温和感的素材所营造出的自然派椅子。汉斯·瓦格纳设计的这把被称为Y型椅的椅子能表现出天然素材的温暖，运用了北欧特有的设计。不挑剔空间的外形是其魅力所在。
《当代起居》第60期（妇人画报社）“欲罢不能的经典家具”，1989年1月刊。

——在瓦格纳设计的椅子上可以看到他对木材的处理方式，给人以单纯而又精致的印象，具有许多能引起日本人的情感共鸣的要素。Y型椅自生产至今已有40余年，但仍然备受用户喜爱。其设计灵感来自中国的椅子，这方面也能给人带来亲切感。
*CONFORT*第8期（建筑资料研究社），1992年。

——在杂志最后的商品目录索取明信片上，我们做了一个题为“您想要的名作椅子”的文件调查，截至9月30日共有181人寄回了调查问卷。无论在各年龄段的男女之间都颇受欢迎，斩获第一名荣耀的便是汉斯·瓦格纳的Y型椅，总共获得58票，和第二名拉开了很大的距离。据统计，有三分之一的人选择了这把

椅子，足以说明它的受欢迎程度。
《室内》第479期（工作社），1994年11月刊。

—— 这是一把非常舒适的扶手椅，就好像身体会被吸进去一般。轻柔地包裹着身体的曲形椅背就这样水平延伸成为扶手。唯一有点遗憾的是它的高度和餐桌的高度正好一致，作为餐椅使用时没法放入餐桌的下面，因此需要在餐桌边上留出一些空余空间。
《当代起居》第108期（妇人画报社）“经典椅子图鉴”，解说：山崎健一，1996年9月刊。

—— 据称是在日本销量最高的进口椅子 —— Y型椅。但凡对家具有点兴趣的人都应该看到过它的样子。
Lapita（小学馆），1998年3月刊。

—— 实际上七号椅和Y型椅以压倒性的优势领先于其他的椅子，并且作为餐椅的畅销产品出售。这两把椅子可以被称为“赢家”椅子，那么它们各自又有什么背景呢？ Y型椅在瓦格纳的作品中也属于设计比较合理的，可以说这也是它畅销的秘密之一。
《当代起居》第129期（阿歇特妇人画报社），2000年3月刊。

—— Y型椅自1950年在丹麦诞生以来，一直在不改变其设计的情况下在全球范围内被广泛使用，在日本作为餐椅非常流行。究其原因，最主要的就是落座的舒适度。
《当代起居》第141期（阿歇特妇人画报社），2002年3月刊。

—— Y型椅也被称为叉骨椅，是瓦格纳设计的椅子中最为畅销的椅子之一。特别是在日本，非常受欢迎。柔和的曲线和山毛榉木材的质感能够适应任何室内装潢形式，从任何角度看都很上镜。在日本的《住宅建筑》杂志上刊载的刚竣工的住宅照里，经常可以看到Y型椅的影子。这把椅子对于建筑具有不同寻常的补充作用。
*CASA BRUTUS*第35卷（Magazine House），2003年2月刊。

—— 如果说去建筑杂志上看一下目前建筑师设计的日本住宅的室内照片，放在其中的椅子就我个人来看，可能半数以上都是同一把椅子，那就是汉斯·瓦格纳设计的Y型椅（1949年）。
《装苑》（文化出版局），2004年12月刊。

—— 要说日本人最为熟悉且深知的瓦格纳设计的椅子的话，那就是Y型椅了（1949年）。
Scanorama（北欧航空），2006年。

—— 在长达半个世纪的时间里，这把椅子散发出来的温和感一直紧紧抓着我们日本人的心。Y型椅的爱好者如今还在增加。
《CASABRUTUS超·椅子大全》（Magazine House），2009年5月刊。

—— 虽然使用了天然材料，却没有野性感的北欧设计，是一件在日本也能找到自己定位的北欧家具。这就是享有盛名的瓦格纳的Y型椅。
Croissant Premium（Magazine House），2009年8月刊。

—— 设计上随处可见在降低成本上所下的功夫，但是在木材本身所拥有的特性之处完全没有妥协。
BRUTUS（Magazine House），2014年11月1日刊。

参考文献

书名	著者・编者	出版社(发行年)
40 Years of Danish Furniture Design	Grete Jalk	Teknologisk Instituts Forlag
Carl Hansen & Son 100 Years	Frank C. Motzkus	(1987)
of Craftmanship		Carl Hansen & Son A/S(2008)
Contemporary Danish Furniture Design	Frederik Sieck	
Dansk mobelguide	Per Hansen,	NYT(1990)
	Klaus Petersen	Aschehoug(2003)
DANSK DESIGN	Henrik Sten Møller	
DANSK BRUGSKUNST	Arne Karlsen,	Rhodos(1975)
	Anker Tiedemann	Gjellerup(1960)
Encyclopedia of Interior Design	Joanna Banham	
HANS J. WEGNER	Anne Blond	Routledge(1998)
A Nordic Design Icon from Tønder		Kunstmuseet i Tønder(2014)
Håndværket viser vejen	Hakon Stephensen　等人	
		Københavns Snedkerlaugs
HANS J WEGNER om Design	Jens Bernson	Møbeludstilling(1966)
MØBELKUNSTEN	Ole Wanscher	Dansk design center(1994)
		THANING OG APPELS FORLAG
MØBELTYPER	Ole Wanscher	(1966)
		Nyt Nordisk Forlag Arnold Busck
Modern Swedish Design:	Lucy Creagh、	(1932)
Three Founding Texts	Helena Kåberg	MoMA(2008)
SVENSKA MÖBLER 1890-1990	Monica Boman	
Swedish Design：An Ethnography	Keith M.Murphy	Signum(1991)
Tema med variationer	Henrik Sten Møller	Cornell University Press(2015)
Hans J. Wegner's møbler		Sønderjyllands Kunstmuseum
The Lunning Prize		(1979)
		Stockholm：Nationalmuseum
WEGNER just one good chair	Christian Holmsted Olesen	(1986)
WEGNER EN DANSK MØBELKUNSTNER	Johan Møller Nielsen	Hatje Cantz(2014)
意匠制度120年の歩み	特許庁意匠課　编	Gyldendal(1965)
椅子の世界	光藤俊夫	特許庁(2009)
椅子のデザイン小史	大廣保行	グラフィック社(1977)
一脚の椅子・その背景	島崎信	鹿島出版会(1986)
インテリアの時代へ	日本インテリア・デザイナー協会	建築資料研究社(2002)
日本のインテリア・デザイン②		鹿島研究所出版会(1971)
美しい椅子　北欧4人の名匠のデザイン	島崎信＋東京・生活デザイン	
	ミュージアム	枻出版社(2003)
ARCレポート		
(デンマーク編　2013/14年度版)		ARC国別情勢研究会(2013)
家具の事典	剣持仁、垂水健三、	
	川上信二など 编	朝倉書店(1986)
木の家具		
近代椅子学事始	島崎信、野呂影勇、織田憲嗣	読売新聞社(1981)
現代家具の歴史	カール・マング	ワールドフォトプレス(2002)
原色 木材加工面がわかる樹種事典	河村寿昌、西川栄明	A.D.A.EDITA Tokyo(1979)
現代のインテリア	島崎信	誠文堂新光社(2014)
建築家の自邸	都市住宅編集部	集英社(1966)
建築家の自邸		鹿島出版会(1982)
建築家の自邸 2		枻出版社(2003)
シャルロット・ペリアンと日本	「シャルロット・ペリアンと	枻出版社(2005)
	日本」研究会	鹿島出版会(2011)
スカンジナビア　デザイン	エリック・ザーレ	
世界デザイン史	阿部公正 など	彰国社(1964)
増補改訂 名作椅子の由来図典	西川栄明	美術出版社(1995)
知的財産法最高裁判例評釈大系		誠文堂新光社(2015)
デザインの軌跡		青林書院(2009)
デザイン盗用	高田忠	商店建築社(1977)
デンマークの歴史・文化・社会	浅野仁、牧野正憲、	日本発明新聞社(1959)
	平林孝裕　编	創元社(2006)
デンマークの椅子	織田憲嗣	

续表

书名	著者·编者	出版社(发行年)
ハンス·ウエグナーの椅子100	織田憲嗣	光琳社出版(1996)
ハンス·J·ウェグナー完全読本		平凡社(2002)
ファニチャー大図鑑		柑出版社(2009)
別冊太陽　デンマーク家具		講談社(1982)
北欧のデザイン	Ulf Hard Segerstad	平凡社(2014)
マダム Deluxe　北欧の暮らしとインテリア		チャールズ·E·タトル出版(1962)
輸出品デザイン法　解釈と実務	通商産業省通商局デザイン課	鎌倉書房(1976)
図録　DESIGN IN SCANDINAVIA		新日本法規出版(1960)
図録　DESIGN IN SCANDINAVIA		北米巡回展図録(1954)
図録　20世紀の椅子－生活の中のデザイン		オーストラリア巡回展図録(1968)
図録　20世紀のデザイン		富山県立近代美術館(1994)
図録　イスのかたち		国立近代美術館(1957)
図録　現代アメリカのリビングアート		国立国際美術館(1978)
図録　現代ヨーロッパのリビングアート		京都国立近代美術館(1966)
図録　スカンディナヴィアの工芸		京都国立近代美術館(1965)
図録　バウハウス50年		東京国立近代美術館(1978)
図録　フィンランド·デンマーク　デザイン		東京国立近代美術館(1971)
図録　「北欧のデザインの今日 生活のなかの形」展		日本民藝協会(1958)
		美術館連絡協議会(1987)
図録　北欧モダン　デザイン&クラフト		アプトインターナショナル(2007)

合作方

主要参考杂志

《室内》(工作社)、《工艺新闻》(丸善)、《建筑》(青铜社)、《设计》(美术出版社)、《当代起居》(妇人画报社、阿歇特妇人画报社)、*SD*(鹿岛出版会)、《new interior新室内》(日本木材工艺学会)、《家具产业》(家具产业)、《艺术新潮》(新潮社)、《日本室内装潢》(丸善)、《新建筑》(新建筑社)、《政经时潮》(政经时潮社)、《设计保护》(日本设计保护协会)、《法律家》(有斐阁)、《贸易实施纪要》(日本关税协会)、《建筑和生活》(*BYGGE OG BO*)、《家具》(*mobilia*)、《更好的生活》(*BOBEDRE*)、《室内装潢》(*interiors*)等。

*此外还参考了众多过往杂志、商品手册、网站等。

致谢(*略去敬称，按日语五十音顺序)

饭田真实、石井义则、伊藤进吾、井上升、榎本文夫、织田宪嗣、川上元美、小室隆、岛崎信、菅村大全、北欧起居(スカンジナビアンリビング)、十时启悦、中川功、西川纯一、西川晴子、仁礼琴、羽柴健、平野良和、桧皮奉庸、福田彻男、武藏野美术大学工艺工业设计学科木工研究室、武藏野美术大学图书馆、MONO · MONO(モノ·モノ)、森优子、山极博史、山下健司、山本刚史

*此外包括在丹麦遇到的各位在内，许多人为我们提供了信息，并给予取材方面的协助。再次表示感谢。

摄影合作(*略去敬称，按日语五十音排序)

上松技术专业学校、品川基督教会、Salonde Thé ROND、北欧起居、TANAKA(たなか)、东京千寻美术馆、HOMEGROWN、武藏野美术大学美术馆、森优子、渡部AZUSA、渡部美时

"运用在多种场所的Y型椅"(第10～13页)中刊载的店铺的联系方式和地址

Salon de Thé ROND
东京都港区六本木7-22-2国立新美术馆2F

东京千寻美术馆"绘本咖啡店"
东京都练马区下石神井4-7-2

HOMEGROWN
东京都国立市富士见台1-1-6-1

后记

加入卡尔·汉森父子公司的日本分公司De-sign株式会社（现卡尔·汉森父子日本公司）几年后，我有幸造访了瓦格纳先生的宅邸。我在着手写这本书的时候不断在懊悔，当时应该多问一些问题，这样就可以写出更多更切身的东西来。当时因为瓦格纳的身体欠佳，一直到见面之前我都不知道是否还能会面，但幸运的是那天他的健康状况好转了，当他到达位于根措夫特的宅邸时就立刻带我们参观了位于地下室的工作场所。而我回忆当时的情景，则是反过来被瓦格纳问了许多问题，比如“在日本也用这样的工作台吗？”，看到我们作为纪念品带去的CH25的模型后问我们“编织纸绳花了几个小时？”等问题。

从那以后过了大约15年，在2007年2月2日，丹麦的*POLITIKEN*报纸上刊载了一张照片，以及关于瓦格纳先生逝世的文章。那是一张瓦格纳先生站在椅子前正在解释什么的照片。在瓦格纳先生的前面摆着当时我采访时带去的CH25的模型。我想起那时候甚至忘了拍一张纪念照，同时手里拿着字典读着文章，深切感慨。

在这之后几个月，日本就出现了Y型椅的仿造品。我一面想着如果瓦格纳先生知道了这件事会怎么想，一面开始收集应对仿造品和注册三维商标需要的资料。自己的名字作为设计师被署在了不是自己设计的椅子，甚至是糟糕得不成样子的椅子上，该是多么出离愤怒。不幸的是，现在市场上依然有搭着瓦格纳先生功劳的“便车”的椅子。学习途中的模仿不能一味地说是坏事，但是和商业活动联系到一起，其本质含义就会发生巨大变化。我不认为这本书的出现会对仿造品相关情况造成什么影响，不过读者如果对过去发生的事情以及现在的状况能有一个了解，就是我莫大的荣幸了。

许多人在这本书的写作过程中给予了我帮助，我想借这个机会表示感谢。此外，对于给我创造了诸多和Y型椅产生关联的机会的，休伯国际株式会社的创始人尼尔斯·休伯先生、携我造访瓦格纳先生的宅邸并且在哥本哈根给予诸多关照的凯伦·休伯女士、给予我家具设计相关机会的瓦格纳先生三人，希望我的感激能够直达天国传达给他们。

2016年6月

Sim design
坂本茂

在编写本书时，承蒙和Y型椅相关的各位的关照，包括设计师、木工工匠、销售店的CEO和销售人员，几十年来一直使用Y型椅的忠实用户以及最近购买了Y型椅的家庭等。他们站在不同的立场上，表达了对Y型椅同样的热诚的见解。对于一把椅子，能够从设计、结构、座面的编织方法、落座的感受、使用方式和涂装方法等诸多角度发表这么多的观点也是很珍贵的。可见这把椅子的魅力所在。

谈到这一点，在丹麦也有许多人发表了对瓦格纳和Y型椅的见解。2015年秋天造访丹麦时，我也去了瓦格纳诞生的城市岑讷。对于位于靠近德国边境的小城的人们来说，瓦格纳究竟是什么样的存在，我对此感到好奇并询问了一些当地人的想法。他们异口同声地说："瓦格纳是这个城市的荣耀。在这样一个小城可以诞生世界级的设计师，令人感到非常自豪。"在执笔Y型椅相关的书籍前能够了解瓦格纳成长的地方并去感受其氛围，意义莫大。

这本书虽然以Y型椅为主题，但不只把眼光瞄准了Y型椅这一把椅子。深入挖掘一下Y型椅就一定会触及丹麦家具当时的情况、家具制造商的设备和擅长的领域等。为了了解销量增加的决定性因素，就必须了解经营活动如何开展，以及在传媒方面所做的努力。在调查这些情况的时候，我也仔细查阅了许多包含外语期刊在内的设计和室内装潢相关的旧杂志。

合著者坂本先生经常出入国会图书馆，而我则在哥本哈根的旧书店和图书馆等地寻找1950年代在丹麦出版的设计杂志。过程虽然辛苦，但却是一段非常快乐的时光。特别是在看1950年代的设计杂志时，能深切感受到当时的家具业界和设计师们的活力。虽然我的最终目的是获取关于Y型椅的资料，但是在这个过程中，我也学习并收获了许多其他方面的知识。

这本书的出版承蒙许多人的帮助。再一次对提供信息、拍摄照片时给予了帮助的各位、供稿的武藏野美术大学名誉教授岛崎信、摄影师渡部健五先生和设计师高桥克治致以诚挚的谢意。

2016年6月

西川荣明

坂本茂（SAKAMOTO SHIGERU）

1961年生于长野县。木工设计师。曾在东京五反田制造所从事家具制造的工作，之后于1990年加入De-sign株式会社（现卡尔·汉森父子日本分公司）。负责Y型椅等的销售活动和商品管理（检查、修理、进口业务），致力于Y型椅的三维商标注册。2014年离开公司后成立了Sim design。除了作为设计师开展活动外，也承接Y型椅的纸绳更换和修理等工作。在De-sign株式会社工作时期多次参加竞赛并屡获奖项。1990年，作品入选“国际家具设计节旭川”（IFDA）。1998年，作品获得首届“生活中的木椅子展”优秀奖。2015年，在高冈工艺都市手艺大奖赛中获得工厂手艺部门大奖。著有《名作椅子拆解新书》。

西川荣明（NISHIKAWA TAKAAKI）

1955年生于神户市。编辑、作者、椅子研究者。除了椅子和其他家具外，以与木头相关的诸如森林、木材和木工艺等为主题编辑、著书。著有《名作椅子的由来图典（新版）》、《手工制作的木凳（新版）》、《这把椅子最棒！》、《手工制造的木制餐具（增补改订新版）》、《木匠们》（以上均由诚文堂新光社出版）、《弦切面、刻切面和横切面详解树木图鉴》、《树木和木材的图鉴：日本的101种实用树种》（以上均由创元社出版）等。共同著作有《名作椅子拆解新书》、《温莎椅大全》、《原色：木材加工方式详解树木种类词典（增补改订版）》、《涂漆的技巧方法说明书》（以上均由诚文堂新光社出版）、《木材培育书》（北海道新闻社）等。